# 미래는 생성되지 않는다

# 미래는 생성되지 않는다

포스트 AI 시대, 문화물리학자의 창의성 특강

ⓒ박주용, 2024. Printed in Seoul, Korea

| | |
|---|---|
| 초판 1쇄 펴낸날 | 2024년 6월 20일 |
| 초판 6쇄 펴낸날 | 2024년 8월 19일 |
| 지은이 | 박주용 |
| 펴낸이 | 한성봉 |
| 편집 | 최창문·이종석·오시경·권지연·이동현·김선형·전유경 |
| 콘텐츠제작 | 안상준 |
| 디자인 | 최세정 |
| 마케팅 | 박신용·오주형·박민지·이예지 |
| 경영지원 | 국지연·송인경 |
| 펴낸곳 | 도서출판 동아시아 |
| 등록 | 1998년 3월 5일 제1998-000243호 |
| 주소 | 서울시 중구 필동로8길 73 [예장동 1-42] 동아시아빌딩 |
| 페이스북 | www.facebook.com/dongasiabooks |
| 전자우편 | dongasiabook@naver.com |
| 블로그 | blog.naver.com/dongasiabook |
| 인스타그램 | www.instargram.com/dongasiabook |
| 전화 | 02) 757-9724, 5 |
| 팩스 | 02) 757-9726 |

| | |
|---|---|
| ISBN | 978-89-6262-314-7 03400 |

※ 잘못된 책은 구입하신 서점에서 바꿔드립니다.

**만든 사람들**

| | |
|---|---|
| 책임편집 | 오시경 |
| 디자인 | 최세정 |
| 크로스교열 | 안상준 |

# 미래는 생성되지 않는다

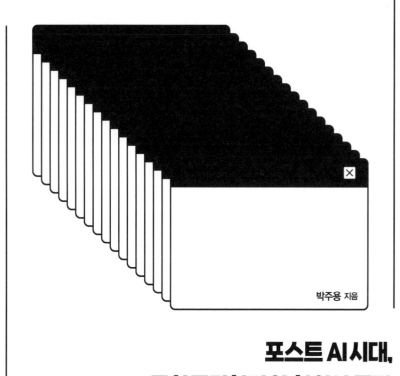

박주용 지음

**포스트 AI 시대,
문화물리학자의 창의성 특강**

동아시아

**일러두기**

1. 영화·음악·드라마·미술작품 등의 제목은 홑화살괄호(〈 〉)로, 단행본·간행물·앨범 등의 제목은 겹화살괄호(《 》)로 표기했다.
2. 본문의 과학용어는 국내에서 통용되는 번역어와 다소 차이가 있더라도 저자와 협의하여 그대로 표기하고 원어를 병기했다.

# 우리는 어디에서 왔으며, 누구이고, 어디로 가는가?

## 프롤로그

나는 물리학자다. 그 가운데에서도 나는 나를 문화를 연구하는 '문화물리학자'로 부른다. 아마도 많은 사람이 문화 연구를 과연 물리학의 한 분야로 볼 수 있는지 궁금해할 것 같다. 그리고 그 마음을 나만큼 잘 이해하는 사람도 없을 것이다. KAIST(카이스트) 문화기술대학원에서 일하기 시작한 이래로 10년이 넘는 시간 동안 하루도 빠짐없이 스스로에게 그 질문을 던져왔으니 말이다. 어쩌면 더 오래전부터였을지도 모르겠다. 사진가가 되고 싶다고 생각했던 어린 시절, 하늘에 떠 있는 구름의 모양이나 무성한 나무 잎사귀에 새겨진 무늬 안에도 과학적 질서가 숨어 있다는 것을 알고 마음을 틀어 과학자를 꿈꾸기 시작한 때부터.

물리학과 문화. 나는 두 낱말의 뜻을 들여다보기만 해도 둘

사이의 연결고리 찾는 것은 필연적인 일이라고 여겨왔다. 문화란 인류의 삶의 방식과 이를 통해 만들어 낸 것들의 총체이므로 물리학도 응당 문화에 포함되고, 물리학이란 모든 물物체들의 이理치를 알아내는 학문이므로 문화도 당연히 그것의 탐구 대상일 것이기 때문이다. 《미래는 생성되지 않는다》는 그 연결고리를 찾으려 떠났던 나의 여정의 기록이다. 처음 《경향신문》에 '박주용의 퓨처라마'라는 제목으로 미래의 과학과 문화에 대한 연재를 시작할 때는 학교에서 강의해 오던 대로 문화 콘텐츠 제작에 사용되는 과학의 원리를 하나씩 열거하는 것만으로 충분하리라 생각했다. 아이작 뉴턴(1643~1727)의 고전광학을 알면 아이맥스IMAX 기술을, 사인sine과 코사인cosine 곡선의 신호를 겹쳐 그리는 법만 알면 음악을 만드는 원리를 완전히 이해할 수 있다는 순진한 발상이었던 것 같다.

나는 때로는 예술이나 문학도 결국 시공간spacetime 속에 자리하며 물리학의 법칙을 따라야 하는 물체일 뿐이라고 여기는 콧대 높은 과학자처럼 굴기도 했고, 또 때로는 그것들이 갖고 있는 '아름다움'이라는 추상抽象의 결정체는 어차피 과학으로 알 수 없는 것이라고 변명하는 게으른 아웃사이더처럼 굴기도 했다. 하지만 여행에서 즐거움의 태반은 지도에 없는 마을에 도착하고 낯선 사람들을 만나며 새로운 세상이 있다는 것을 알게 되는 '세렌디피티serendipity'(기분 좋은 놀라움)에서 온다고 하지 않았던가? 연재를 이어갈수록 과학과 문화의 연결고리는 학교 연구실에 앉아서 고안하는(그리고 대다수가 빛을 보지 못하는) '콘텐츠를 만드는 기술' 이상의 것이라는 생각이 점점 더 커져갔다. 나는 새로 만나는 사람들 사이에서, 미술관에서, 공연장에서, 그리고 자연 속에서 새로운 답을 찾아보게 되었다.

그 결과 나는 과학과 문화의 진정한 연결고리는 그것들의 의미를 깊이 탐구하면서 새로운 지식을 깨닫고, 이로부터 우리가 살아가고 있는 세상, 즉 우리가 살아가는 이 한 조각의 시공간을 끊임없이 더 의미 있고 가치 있는 모습으로 만드는 '사람'들의 이야기에서 찾아야 한다는 것을 깨달았다. 흔히 우리는 위대한 과학자, 위대한 예술가 들을 그들의 제일 유명한 업적과 작품으로만 알고 있지만, 그런 겉모습보다 더 중요한 것은 그 안에서 빛나고 있는 그들의 꿈과 소망이었다. 그리고 시간과 공간이 따로가 아닌 하나의 연속체continuum를 이루고 있음을 밝혀서 우주의 근원을 알게 해준 알베르트 아인슈타인(1879~1955), 사람보다 수천만 배 더 빠르게 계산을 할 수 있는 컴퓨터를 발명한 수학자 앨런 튜링 Alan Turing(1912~1954), 세상이 얕보던 상업적 미술 기법으로 예술계와 세상을 뒤흔들어 버린 앤디 워홀Andy Warhol(1928~1987)처럼 때로는 단 한 사람의 꿈과 소망이 씨앗이 되어 인류의 문명이라는 거대한 숲이 다시 탄생할 수 있다는 사실도. '미래는 생성되지 않는다'라는 책 제목처럼 미래란 저절로 생성되는 것이 아니라 우리가 열어가는 것이다. 그리고 그 열쇠는 과학과 문화에 있다.

상상만 해도 머릿속이 아찔해질 정도로 광활한 우주에 비할 바 없이 작디작은 사람의 몸으로부터 어떻게 그렇게 큰 일을 해내는 힘이 나올 수 있는 것일까? 사실 우리의 몸은 아무리 작아 보여도 엄청난 수의 알갱이로 이루어져 있다. 맨눈에 보이지도 않게 작은 원자와 분자 알갱이들이 끊임없이 서로에게 붙고 떨어짐을 반복한 결과 우리는 자의식, 욕망, 언어처럼 그 알갱이 한 알 한 알에서는 결코 찾아볼 수 없는 신비한 특징을 가진 '복합계complex system'라는 존재가 되었다.

'복합계 과학'은 이처럼 '단순성으로부터 복합성이 나오는from simplicity to complexity' 현상을 연구한다. 나는 사물들이 연결되어 만들어지는 그래프의 구조를 연구하는 네트워크 과학network science, 사회적 행동을 예측하는 인간동력학human dynamics, 유전자 정보로부터 질병을 예측하는 생물정보학bioinformatics 분야 연구의 경험을 바탕으로 지금은 빛, 소리, 글자처럼 작은 것들로 이루어진 예술, 음악, 서사 같은 '문화복합계'가 어떻게 우리를 감동시키는 아름다움을 지니게 되었는지, 그리고 그것을 가능하게 하는 인간 창의성의 본질을 탐구하고 있다. 그리고 나날이 발전해 가는 AI(인공지능artificial intelligence)처럼 사람의 자리에 조금씩 전진해 들어오고 있는 것 같은 신기술이 어떠한 미래로 우리를 인도할지 끊임없이 상상한다. "우리는 어디에서 왔으며, 누구이고, 어디로 가는가?" 하는 질문에 대한 대답은 과학과 문화의 연결고리에서 찾아야 할 것이기 때문이다.

과학과 문화의 선각자들이 남긴 빛의 흔적을 나침반 삼아 무한한 가능성의 우주를 탐험하는 우리의 모습을 그려본다. 그 가운데 지금까지 나를 안내해 주었고, 또 지금도 나와 함께 가고 있는 사람들이 있다. 복합계 과학의 넓은 지평을 몸소 보여주신 미시간 대학교의 마크 뉴먼Mark Newman 지도교수님. 소중한 청춘기에 나에게 배움을 청함으로써 오히려 나에게 많은 것을 가르쳐 준 아람, 도흠, 승규, 세미, 경연, 규현, 동혁, 한라, 소희, 진영, 동주, 민상, 성필, 병휘. 이 길을 갈 기회를 주신 KAIST와 문화기술대학원의 동료 교수님들. 매일같이 하늘을 눈에 담은 채 공상에 빠져 있는 게 일상이던 어린 아들과 동생의 마음이 끝없이 자유로울 수 있게 해주신 나의 부모님과 누님에게 감사의 말씀을 올린다.

그리고 우리에게 주어진 시간이 여기에서 멈추지 않게 하기 위한 싸움을 하고 있는 돌이에게 나의 심장과 이 책을 바친다.

# 차례

## 3장 질서와 무질서 사이에서

## 4장 무엇이 사람의 말을 만드는가?

## 5장 우리는 모두 연결되어 있다

## 에필로그

# 1장 미래를 달리는 모터사이클

# 멋진 신세계로 가는 길
## 진화론과 미래

미래는 어떤 모습을 하고 있을까? 그 질문을 탐구하는 데 우리의 사고방식에 가장 큰 영향을 끼친 사람 가운데 하나로 영국의 자연사학자 찰스 다윈(1809~1882)을 꼽을 수 있다. 다윈은 동시대를 살았던 앨프리드 월리스Alfred Wallace(1823~1913)와 거의 같은 시점에 창시한 진화론을 통해 지구의 모든 생명체가 공통의 조상에서 나왔다고 주장했고, 자연사학·자연과학을 넘어 사회학과 정치학의 영역에까지 큰 영향을 미친 공로로 아이작 뉴턴, 찰스 디킨스 같은 세계적 학자, 문호 들과 함께 영국의 국가적 영웅들을 기리는 런던 웨스트민스터 사원에 모셔져 있다.

## 진화론과 스코프스 원숭이 재판

다윈 진화론의 기본적인 아이디어는 매우 간단하다. 자손을 낳기 위해서는 당연히 죽지 않고 생존해야 하는데, 유한한 자원을 차지하기 위한 투쟁에서 강력하고 '적합한' 개체가 살아남는 적자생존the survival of the fittest의 원리에 따라 세대가 지날수록 그 성질과 특징을 물려받은 개체가 많아진다는 것이다. 적합한 자는 선택을 받아 그 형질을 널리 퍼뜨리고 적합하지 않은 자는 소멸하는 이 과정을 '자연선택에 의한 진화'라고 한다. 이렇듯 어렵지 않게 이해할 수 있는 진화론이 역사적으로 많은 사람을 불편하게 만들어 왔다는 것은 사뭇 흥미로운 일이다. 인류의 과거를 들여다볼 때 '모든 생물은 공통의 조상이 있다'는 다윈 진화론의 논리적 귀결이 그러한 불편함이 터져 나오는 데 큰 도화선이 되었다. 진화론의 등장은 인간은 우월하며 고귀하므로 완전히 특별한 존재라는 종교적인 신념의 뒤통수를 치는 충격이었기 때문이다.

인간이 신의 모습을 본떠 만들어졌다는 이야기를 성서적 비유가 아닌 활자 그대로의 의미로 받아들이던 사람들이 진화론과 갈등했던 역사적 사건 가운데 하나로는 1925년 미국 테네시 주에서 열렸던 스코프스 재판Scopes Trial이 있다. 존 T. 스코프스John T. Scopes(1901~1970)라는 교사가 공립학교에서는 인간의 진화를 가르치면 안 된다는 법령을 무시했다는 죄목으로 재판받은 이 사건을 극화한 〈신들의 법정Inherit the Wind〉(1960)이라는 영화에는 '인간의 조상이 원숭이라고 주장하는' 진화론에 적대적인 사람들의 모습이 잘 그려져 있다(그래서 이 사건을 '스코프스 원숭이 재판'이라고도 한다). 물론 진화론에서는 인간의 조상이 원숭이라고 주장하는 것이 아니라, 인간과 원숭이가 공통의 조상을 갖고 있다고 말한 것이지만 말이다.

## 우리가 디스토피아 서사에 끌리는 이유

진화론의 틀을 통해 우리는 어디에서 왔는가 하는 과거를 바라볼 때 많은 사람이 불편해했던 것처럼, 진화론의 틀을 통해 우리는 어디로 갈 것인가 하는 미래를 바라보며 불편해하는 것을 쉽게 볼 수 있다. 특히 '적자생존', '자연선택'과 같은 진화의 원리로부터 뻗어 나온 자비 없는 무한 경쟁과, 강한 자가 약자를 일방적으로 약탈하는 '약육강식'의 이미지는 수많은 SF에서 디스토피아적 미래의 밑그림이 되어왔다. 대표적인 디스토피아 SF인 올더스 헉슬리Aldous Huxley(1894~1963)의 《멋진 신세계Brave New World》(1932)를 보면 적자생존에서 한발 더 나아가 아예 인간을 공장에서 만들어 내면서 우월하다고 판별된 개인에게만 인생을 즐길 갖은 권리를 주고, 나머지는 이 '멋진' 질서에서 벗어날 수 없도록 세뇌해 온갖 힘든 일을 시키는 세상이 그려져 있다.

이렇게 어두운 디스토피아를 그린 《멋진 신세계》 이후 90년 넘게 지나는 동안 또 다른 미래를 그린 작품이 나오지 않았을까 하는 분들에게는 1997년에 개봉한 〈가타카Gattaca〉라는 영화를 추천한다. 《멋진 신세계》의 1932년과 〈가타카〉의 1997년 사이에는 진화론이 미시적 세포 수준에서 구체적으로 어떻게 작동하는지를 알게 해준 유전자와 DNA의 발견이라는 사건이 있었으므로 두 작품을 비교하는 것은 상징적 의미가 크다. 불행히도 〈가타카〉는 DNA가 《멋진 신세계》 같은 디스토피아로 가는 것을 막아주는 희망의 무기가 아니라, 그것의 설계도가 될 수도 있음을 보여주었지만 말이다. 물론 픽션이므로 과학적 사실성이 완벽하게 표현되진 않았지만, 내가 개인적으로 아는 유전학자 한 분도, 저명한 학술 저널 《네이처 지네틱스Nature Genetics》에서도 충분히 현실성 있는 내용이라고 인정할 만큼 〈가타카〉는 간담이 서늘해지는 영화다.

수많은 문학작품과 영화에서 그려지는 참혹한 세상의 모습은 어제보다 더 나은 미래에 대한 기대가 깨지는 것을 우리가 두려워한다는 방증이기도 하다. 즉, 우리는 우리보다 못해 보이는 다른 생물체들과 똑같은 데에서 나왔다는 진화론에 대한 거부감 만큼이나, 미래가 나의 의지나 노력에 상관없이 나에게 주어진 유전자 하나로 결정될 것 같다는 공포에서 벗어나기 어렵다.

하지만 인간에게 특별할 것이 전혀 없고, 세상은 모든 질서가 미리 결정돼 있는 무색무취의 공간에 지나지 않는다고 푸념하기에는 모든 것이 조금 이상하지 않은가? 세계는 《멋진 신세계》나 〈가타카〉에서 그리는 디스토피아처럼 완벽한 통제와 억압의 체제로 뒤덮이지 않았다. 물론 역사적으로 그러한 사회를 만들려는 시도는 계속돼 왔다. '지상낙원'을 이룩하겠다던 소비에트식 공산주의, 타 민족에 대한 '최종적 해법'을 제시하겠다던 나치가 대표적인데, 결국 이들은 크나큰 비극만을 일으키고 패망하고 말았으며 아직 남아 있는 일부의 억압적인 사회들은 대부분 스스로를 지탱하는 것도 힘들 정도로 허약히다. 인간 사회는 적자생존의 원리만으로 진화하지 않는다.

## 자신만의 멋진 신세계를 꿈꾸는 방법

인간은 무엇이 다르기에 그런 것일까? 동물계에 대한 적자생존이나 자연선택과 같은 진화론의 극단적인 예측과 달리, 인간의 진화에 다른 요인들이 작용한다는 점을 다윈 역시 인지하고 있었다. 《비글호 항해기The Voyage of the Beagle》(1839)와 《종의 기원On the Origin of Species by Means of Natural Selection》(1859)에 이은 다윈 진화론의 세 번째 책으로 알려진 《인간의 유래와 성선택The Descent of Man and Selection in Relation to Sex》(1871)에서 다윈은 인간의 진화가 다른 동물과 비슷한 점, 다른 점들을 나열하면서 인간이 생물학적으로는 다른 생물들과 공통의 조상을 갖고 있는 것은 맞지만, 인간은 적자생존의 원리에 따른 생존경쟁만을 하는 것이 아니라 약자에 대한 동정심과 공동체의 윤리 같은 인간 특유의 현상을 통해 약자를 배려하고 생존을 보장하는 방향으로 진화해 가고 있다고 주장했다. 즉,

인간에게는 자연환경의 진화적 압박evolutionary pressure에 대응할 힘이 있다는 것이다. 그러므로 우리는 디스토피아적 미래에 대한 걱정에 빠지기보다 우리가 원하는 미래는 무엇인가, 그러기 위해서는 무엇을 해야 하는가 생각하며 길을 찾아야 한다.

미래未來란 아직 오지 않은 앞날을 뜻하므로 지금과는 무언가가 달라진 상태를 갖고 있을 것이다. 과학적으로는 지금 존재하는 것들이 양적·질적으로 달라진 모습을 상상할 수 있다. 예를 들어, 여러분의 머릿속으로 지금의 '무엇'인가가 다음과 같이 달라져 있는 미래를 떠올릴 수 있을 것이다.

1. 그 '무엇'이 지금보다 100배, 1000배로 커진 미래(또는 빨라진/무거워진 미래)
2. 그 '무엇'이 지금과는 다른 역할을 하고 있는 미래(또는 다른 모습을 하고 있는/다른 용도를 갖고 있는 미래)
3. 그 '무엇'이 완전히 다른 것으로 대체된 미래

여기 '무엇'의 자리에 여러분은 무엇을 넣고 싶은지? 저마다 인간, 가족, 도시, 학교, 교통, 사랑, 예술, 음악 등을 넣고 생각해 보면 어떨까? 일례로 최근에 내가 근무 중인 KAIST에서는 그 '무엇'에 AI라는 말을 넣어 진지하게 생각해 보기 시작했다. 요즘 우리 주변을 보면 너 나 할 것 없이 AI에 대해 이야기하며, AI가 알파와 오메가가 되어 인류의 모든 문제를 해결해 줄 것 같은 착각까지 하게 한다. 하지만 기계학습을 통한 인간 모방이라는 현재의 방식은 이미 한계를 보이고 있다는 인식을 바탕으로 '지금보다 100배, 1000배 똑똑한 AI', '지금과는 다른 용도를 가진 AI', 더 나아가 '완전히 다른 것으로 대체된 AI' 등 다양한 의미의 '포스트 AI' 시대를 탐구한 적이 있다. 이와 같은 방식으로 여러분도 자신만의 '무엇'을 정의하고 그 미래를 생각해 보기를 바란다. 그리고 정말로 멋진 신세계에 대한 아이디어를 함께 이야기하고 싶다. 우리는 모두 한곳에서 태어나 같은 시공간을 점유하고 있으며 공통의 미래를 선택해 진화할 수 있기 때문이다.

# 우주가 음악이라면
# 과학은 영원한 미완성 악보
## 도그마와 도전

BTS(방탄소년단)가 한국인 가수로는 최초로 미국 빌보드 '핫 100' 차트에서 1등을 차지했다는 대단한 소식도 벌써 아주 오래 전 일로 느껴진다. 남다른 재능이나 노력으로 크게 성공한 사람들이 선망의 대상이 되는 것은 매우 자연스러운 일이므로, 요즈음 어린이들에게 장래 희망을 물어보면 BTS와 같은 아이돌 가수나 구독자 수십만 명을 거느리면서 사람들의 생각과 소비생활에 영향을 주는 인터넷 인플루언서를 최고로 꼽는다는 이야기도 당연하게 받아들여야 할 듯하다.

그런데 내가 어렸을 땐 "커서 무엇이 되고 싶니?"라는 어른들의 물음에 많은 어린이가 대통령, 장군, 과학자 이렇게 세 가지를 제일가는 꿈으로 대답했던 기억이 난다. 군사적 긴장이 일상일 수밖에 없는 나라에서 첨단 과학기술을 통한 산업발전과 경제성장이 정부와 국민의 지상 목표였던 시절이었기 때문일 것이다. 물론 나도 또래들처럼 순간순간의 기분에 따라 그 세 가지 가운데 하나를 말하곤 했는데, 결국 과학자가 되고 말았으니 난 어린 시절의 희망을 실현한 운 좋은 경우라고 할 수도 있겠다.

## 과학기술에 대한 질문들

비록 요즘에는 과학자가 어린이들이 가장 선망하는 직업은 아니라고 하지만 과학기술을 중요하게 생각하는 풍조는 여전하다고 할 수 있을 것 같다. 길을 지나가는 평범한 시민에게 "과학기술이 우리나라에 중요하다고 생각하십니까?"라고 물어본다면 "그렇다"라고 대답할 가능성이 높다. 그렇지 않다면 매년 입시 면접이 있는 날마다 북적거리는 KAIST 캠퍼스의 풍경을 설명할 수 없기 때문이다. 그런데 같은 사람들에게 "과학기술에 대해 잘 알고 있습니까?" 또는 "평소에 과학기술에 관심을 갖고 사십니까?" 하고 물어본다면 아마도 "그렇다"라고 대답하는 비율이 조금은 낮아질 것이라는 생각이 든다. 그 원인으로 아무래도 과학이란 긴 시간 동안 전문적인 고등교육을 받아야 하는 지식체계라는 인식을 꼽을 수도 있겠지만, 과학자로서 사람들을 만나 과학에 대해 이야기하다 보면 미처 예상하지 못한 엉뚱한 이유로 과학과 담을 쌓았다는 말을 듣곤 한다.

내가 잊지 못하는 경험으로는 학창 시절에 친척 어른과 나누었던 짧은 대화가 있다. 물리학을 전공하고 있다는 말씀을 드리자 "그래, 중요한 걸 하고 있구나" 하시더니 갑자기 당신은 어린 시절에 '마력horsepower'이라는 개념을 처음 접하고 나서 아무리 생각해 봐도 이해할 수가 없어서 물리와 담을 쌓게 되었다는 이야기를 하시는 것이었다. 세상에는 큰 말도 있고 작은 말도 있는데 '말 한 마리의 힘'이 정해져 있다는 사실을 수긍할 수가 없으니 '아, 이건 내가 갈 길이 아니다'라고 마음먹었다고. 물리학에 몸을 던진 청년답게 오해를 풀기 위해 차근차근 설명하려던 찰나, 옆에서 대화를 듣고 있던 사촌동생이 갑자기 "어, 나도 그랬는데" 하면서 크게 맞장구치는 소리에 내 목소리는 묻혀버리고 말았다. 과학이란 세상에 존재하는 물체의 작동 원리를 알아내려는 일련의 노력을 통틀어 말한다. 그러니까 새로 산 전기밥솥의 기능이 궁금해 이것저것 눌러보고 다양한 모드로 밥을 지어보는 행동도 과학인 셈이다. 이처럼 일상 속 많은 행동이 바로 과학 그 자체임에도 어떤 이들에게는 과학이 '세상에 말이 한 마리냐?'라는 의문의 높은 담을 넘지 못한 채 무겁고 어려운 것으로만 인식되고 있는 것도 현실이다.

## 우주의 음악이라는 오래된 꿈

나와 상관없거나 어렵기만 하다는 인식이 있기는 하지만, 과학은 과학자든 아니든 사람이라면 누구나 갖고 있을 질문에 대한 답을 찾는 과정으로서, 사람이 존재하는 한 사라질 수 없다. 프랑스의 걸출한 후기인상주의 화가인 폴 고갱(1848~1903)의 〈우리는 어디에서 왔으며, 누구이고, 어디로 가는가?〉라는 그림의 제목처럼 우리는 우리가 과연 무엇인지 끝없이 질문하며 그 답을 찾고자 하기 때문이다. 10년에 가까운 긴 시간 동안 고도의 훈련을 받아야만 될 수 있는 과학자들의 원동력도 결국 탐구와 발견의 과정에서 오는 만족감과 희열이라는 극히 인간적인 욕망일 것이다.

욕망이 과학의 원동력임을 알려주는 예는 역사에서 많이 찾아볼 수 있는데, 고대 그리스에서 활약했던 사모스섬의 피타고라스(기원전 570년경~463년경)와 그 제자들 이야기도 그 가운데 하나다. 피타고라스는 직각삼각형에서 직각을 이루는 두 변의 길이 $a$, $b$와 빗변의 길이 $c$가 $a^2+b^2=c^2$이라는 간결한 수학적 관계로 이어져 있다는 '피타고라스의 정리'로 우리에게 잘 알려져 있다. 이른바 '수포자'(수학을 포기한 자)여도 그 이름 정도는 기억할 것이다. 직각삼각형의 세 변 사이의 질서 정연한 관계식에 매료된 피타고라스는 시야를 더 넓혀 우주의 해, 달, 지구와 같은 천체의 움직임도 음악처럼 서로 조화롭게 어우러진다는 '무지카 우니버살리스musica universalis'('우주의 음악' 또는 '천체의 조화')라는 개념을 만들어 낸다. 지구가 둥글다는 것과 샛별의 정체가 금성이라는 것도 깨알처럼 발견해 낸 피타고라스는 "우주를 잘 안다는 것은 그 질서를 찾았다는 것이다"라며 질서에 대한 사랑을 숨기지 않았고, 철학자를 뜻하는 그리스어 '필로소포스'(지혜를 사랑하는 사람)라는 말을 만들기도 했다. 피타고라스의 무지카 우니버살리스 개념은 2500년이 훌쩍 지난 지금까지도 자연과학자는 물론이고 인문학자들에게도 큰 영향을 미치고 있다.

피타고라스의 수많은 업적과 후대에 끼친 영향력을 보면, 과학이 발전하는 데 지혜에 대한 사랑, 인간의 열정과 욕망이 얼마나 강력한 원동력인지 알 수 있다. 하지만 똑같은 이유에서, 과학자가 독선과 오만의 감정을 품는다면 과학은 진보하지 못하고 파국을 맞이할 수도 있다. 실제로 그리스 수학자 알렉산드리아 파푸스(290년경~350년경)의 저서에 따르면, 아름다운 자연질서에 신앙심과 같은 열정을 갖고 탐닉한 피타고라스의 추종자들은 자신들의 신념에 반하는 '무리수無理數'의 존재를 누설한 죄로 동문(메타폰툼 출신의 히파수스라는 설이 있다)을 물에 빠뜨려 죽게 했고, 다른 이들도 유배의 형벌을 받게 했다고 한다. 피타고라스를 둘러싼 이야기들은 과학의 눈부신 진보와 끔찍한 퇴보가 모두 인간의 욕망과 열정의 산물이라는 것을 보여준다.

과학은 자연에 대한 관념에 기반하여 자연과 인간 사이에 만들어 놓은 인공적인 인터페이스라고 할 수 있다. 우리가 그 인터페이스를 통해 때로는 자연을 올바로 이해하고, 때로는 어처구니없이 큰 착각을 해온 경험이 곧 과학의 역사인 것이다.

## 과학자의 오만을 깨부순 현대과학의 탄생

'자연과 인간 사이에 만들어 놓은 인공적인 인터페이스로서의 과학'이라는 구도에서 자연은 도대체 어떤 역할을 하는 것일까? 자연은 누군가를 쫓아내거나 목숨을 빼앗으면서까지 무리수의 존재를 숨기려고 했던 피타고라스의 추종자들처럼 어느 순간 자아도취에 빠져 도그마에 집착하는 사람들을 철저히 응징하고야 마는 무시무시한 힘을 갖고 있다. 그리고 인류는 그럴 때마다 무너져 버린 과학을 다시 세우는 일을 반복하며 지금의 현대과학을 탄생시켰다. 무지카 우니버살리스 개념에 영향받은 갈릴레오 갈릴레이(1564~1642)와 아이작 뉴턴(1642~1726)의 손에 의해 완성된 천체역학celestial mechanics으로 천체의 움직임을 정확하게 예측할 수 있게 됨에 따라 17~18세기의 '과학혁명'이 일어났고, 그 이후로 200년이 넘는 시간 동안 인류는 정말 마법과 같다고 하지 않을 수 없을 정도로 수많은 자연현상을 설명하고 예측해 냈다. 이야기의 기폭제가 된 마력의 개념을 만든 스코틀랜드의 과학자 제임스 와트James Watt(1736~1819)도 과학혁명기의 인물이다.

그러나 이렇게 눈부신 성공에 눈이 머는 것은 사람의 숙명일까? 빛의 속력을 정확하게 측정해 노벨상을 받기도 한 미국의 물리학자 앨버트 마이컬슨Albert Michelson(1852~1931)은 1894년 한 연설에서 "이제 중요한 원리는 다 찾은 것 같고, 앞으로는 적용만 잘하면 된다"라면서 과학이라는 인터페이스가 영원히 완성되었음을 선언한다. 하지만 이러한 인간의 오만에 대한 자연의 응징은 또다시 잽싸고 처절했다. 마이컬슨의 선언 이후 불과 11년 뒤에 아인슈타인의 상대성이론이 등장하면서 과학의 완성을 자축하던 사람들은 '고전물리학'을 하는 '옛사람'이 되어버리고 만 것이다. 일일이 소개하기는 어렵지만 이때 이 '고전물리학'으로 설명할 수 없는 현상들이 얼마나 많이 발견되었는지, 그 직전에 유럽이 계몽기를 겪지 않았다면 가톨릭교회의 우주관에 도전했다는 이유로 형벌을 받은 갈릴레이와 같은 죄인이 몇 명이나 더 나왔을지 모르는 일이다(아마 마이컬슨이 1번 타자가 아니었을까?) 현대과학은 그렇게 태어났다.

과거의 도그마를 깨버린 과학자들의 열정과 도전의 결과물인 현대과학. 현대과학이 나오지 않았다면 길 잃을 걱정을 하지 않게 해주는 GPS(위성위치확인시스템Global Positioning System)도 등장하지 못했을 것이고(일반상대성이론), 여행을 더 안전하게 만들어 줄 것으로 기대되는 자율주행차의 배터리 기술도 만들어지지 못했을 것이고(양자역학), 우리는 인터넷, 스마트폰, 유전자 치료 중에서 어느 것 하나도 누리지 못했을 것이다. 또 그 덕분에 태양계 바깥으로 우주선(보이저 1·2호)까지 내보냈는데, 이 정도면 우리가 전 우주에서 최소한 중간쯤은 가는 수준의 문명이라고 으쓱거려도 되지 않을까? 하지만 언제나 지금에 안주하고 도취된 인간을 가차 없이 응징하는 자연 앞에서 우리는 미래의 과학을 상상하는 일을 멈출 수 없다. 역사 속에서 많은 과학이 부서지고 새로 만들어져 왔지만, 변하지 않은 한 가지는 과학과 인간을 떼어낼 수 없다는 그 본질이었다.

　미래의 과학은 아마도 지금보다 한 단계 더 발전하여 지금은 상상하기도 어려운 모양새와 수준에서 인간에 대한 깊은 탐구를 시도할 것 같다. 그것이 수억 광년 떨어져 있는 우주 안의 초신성이나, 아직 검출할 수도 없을 정도로 작디작은 소립자를 연구하는 것보다도 더 어렵다고 해도 놀랍지 않을 것 같다. 인간은, '마력'이라는 낱말 하나만으로도 물리학 박사를 할 말 잃게 만들 수 있는 엉뚱하기 그지없는 신비한 존재들이니까.

# 과거를 알려주는
# 단 한 줄의 공식
## 베이지언과 예측

    카산드라는 소아시아 북서부의 고대 도시 트로이의 왕 프리아모스와 왕비 헤쿠바의 딸로서, 그리스 신화에 따르면 미래를 정확하게 예측하는 능력을 가졌지만 누구도 믿어주지 않는 저주에 시달린 인물이다. 올림포스의 신 아폴로가 카산드라에게 완벽한 예지력을 주는 대가로 하룻밤의 사랑을 약속받았지만, 카산드라가 약속을 어기고 자신을 거절하자 분노해 내린 저주라고 한다. 카산드라는 아폴로를 섬기는 신전의 여사제가 되어 다른 이와도 사랑할 수 없었고 가족들에게조차 거짓말쟁이·광녀 취급을 받으며 살아야 했다. 카산드라의 오라비인 파리스 왕자가 스파르타의 왕비 헬렌을 부인으로 삼으려 납치해 왔을 때도, 스파르타의 복수로 트로이가 멸망할 것을 예언하지만 누구도 믿어주지 않아 고국의 소멸을 지켜볼 수밖에 없었다. 이후 카산드라는 미케네의 왕 아가멤논의 첩으로 들어갔다가 아가멤논의 본처와 본처의 연인에게 살해당하고 만다.

미래를 정확히 예언할 수 있는 능력. 과학자로서는 상상만 해도 '캬~' 하는 소리가 저절로 날 것 같은 정말 신나는 능력이다. 또한 꼭 과학사가 아니더라도, 시장이라는 거대한 도박장이 있는 현대 자본주의 사회에서 그 능력으로 얼마나 큰 부자가 될 수 있을지 상상하면 입에 저절로 침이 고일 것이다. 그런데 이러한 꿈의 능력을 지니고서도(아니, 그 능력 때문에) 누구보다 비참하게 살다 죽은 카산드라의 이야기는 과연 '예측한다', '예측할 수 있다'라는 말이 어떤 뜻인지를 곰곰이 생각해 보게 한다.

## 확률과 역확률을 잇는 연결고리

과학적인 예측력의 근원과 작동 원리를 이해하려고 할 때 반드시 알아야 할 인물 가운데 하나가 1701년 런던에서 태어나 1761년 사망한 영국의 장로교 목사 토머스 베이즈Thomas Bayes다. 에든버러 대학교에서 신학과 논리학을 공부한 베이즈는 어떠한 사건이 벌어질 가능성의 척도인 '확률', 그 가운데에서도 결과를 통해 원인을 추론하는 '역확률inverse probability'의 방법론에 큰 발자국을 남겼다.

먼저 확률은 사건 A가 벌어질 가능성의 크고 작음을 나타내

제롬마르탱 랑글루아Jerome-Martin Langlois (1779~1838), 〈미네르바에게 아이아스에 대한 복수를 간청하는 카산드라〉. 침략자 '작은 아이아스'에게 치욕을 겪은 카산드라가 미네르바에게 복수를 간청하는 모습이다. 배경에서 트로이가 불길에 휩싸여 있다.

지난 100일 중 아침에 비가 온 날이 20일이었다면, P('아침에 비가 옴')는 20%가 된다.

는 0과 1 사이의 숫자로서 P(A)로 쓴다. 확률이 0(또는 0%)인 사건은 절대로 발생하지 않고, 1(또는 100%)인 사건은 반드시 발생한다. 그 값은 데이터를 통해 추정하는데, 가령 한국에서 아침에 비가 올 확률인 P('아침에 비가 옴')는 지난 100일(데이터만 있다면 지난 100년이어도 좋고, 100만 년이어도 좋다) 동안 아침에 비가 온 날을 세서 100으로 나눈 숫자로 추정하는 것이 일반적이다. 그러므로 지난 100일 가운데 아침에 비가 온 날이 20일이었다면, 그 값은 20/100=0.2=20%가 된다.

하지만 실생활에서 당장 내일의 아침 날씨를 조금 더 정확히 예측하고 싶어 하는 우리는 '오늘 아침에 비가 왔는데 내일은 어떨까'를 궁금해한다. 그러한 조건이 걸린 확률을 '조건부 확률 conditional probability'이라고 하고, P('사건'|'조건')와 같이 쓴다. 즉, 지난 100일의 데이터에서 아침에 비가 온 20일 가운데 다음 날 아

침에 비가 온 경우가 10일이었다면 P('다음 날 아침에 비가 옴'|'아침에 비가 옴')라는 조건부 확률은, 10/20=0.5=50%가 된다.

우리는 보통 사건의 선후관계·인과관계를 묻는 데 익숙하기 때문에 오늘의 날씨처럼 이미 벌어진 일을 조건으로 하여 미래 사건의 확률을 궁금해하는 일이 많지만, 지금의 상태를 보고 시간을 거슬러 과거에 무슨 일이 있었는지 묻는 것도 가능하다. 즉, P('조건'|'사건')와 같이 사건과 조건의 위치를 뒤집어서 P('어제 아침에 비가 옴'|'아침 9시에 비가 옴')를 구할 수도 있는 것이다. 이것을 '역확률'이라고 하는데, 범죄 현장을 보고 범인을 잡아내는 수사관부터, 발굴된 유물로 과거의 생활 모습을 재현하고 싶은 고고학자, 데이터를 통해 자연법칙을 확립하려는 과학자까지 사실 모두 역확률을 계산하는 사람들이다.

베이즈의 업적은 바로 조건부 확률과 그 역확률의 관계를 증명해 낸 것이다. 베이즈 공식이라고 알려진 이 공식은 우리가 중학교 수학 시간에 배우는 벤다이어그램을 이용해 어렵지 않게 유도해 낼 수 있다. 우리가 생각할 수 있는 우주의 모든 경우의 수를 ('Everything'이라는 의미에서) $\varepsilon$라고 표시하고, 그 안에서 사건 A가 벌어지는 경우를 한 동그라미로, 사건 B가 벌어지는 것을 다른 동그라미라고 표현한 뒤 각각의 확률을 두 동그라미의 면적으로 나타낸다면 A와 B 둘 다 일어날 확률은 교집합 A∩B의 면적이 된다. 그러면 P(B|A), 즉 A가 일어났다는 조건하에서 B가 일어날 확률

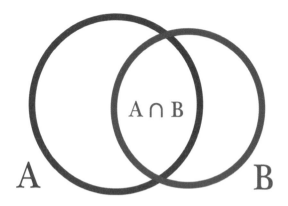

조건부 확률과 역확률의 관계를 밝힌 토머스 베이즈의 공식 'P(A|B)P(B)=P(B|A)P(A)'는 벤다이어그램을 이용해 어렵지 않게 유도할 수 있다.

은 사건 A가 일어남으로 인해 가능한 경우의 수가 $\varepsilon$ 전체에서 동그라미 A로 줄어든 상황에서 사건 B가 벌어지는 경우의 수로 나타내므로, A의 면적 대비 A∩B 면적인 P(B|A)=P(A∩B)/P(A)로 표시할 수 있다. 같은 논리로 A와 B를 뒤바꾸면 P(A|B)=P(A∩B)/P(B)이고, 두 식에서 공통분모인 P(A∩B)를 지워버리면 다음과 같이 조건부 확률과 그 역확률의 관계를 보여주는 베이즈 공식을 유도할 수 있다.

$$P(A|B)P(B)=P(B|A)P(A)$$

간단히 베이지언Bayesian이라고도 부르는 외계 종족 같은 이름의 이 공식은 P(A|B), P(B|A), P(A), P(B) 4개의 확률 가운데 3개의 값을 알면 나머지 하나를 알려주는 일종의 기계와 같은 것인데, 과학적 이론이나 AI 개발처럼 데이터에 기반한 추론이나 학습이 필요한 일에 없어서는 안 될 역할을 한다. 즉, 매일같이 타고 다니는 자동차 부품의 동작 하나하나에 뉴턴의 역학 법칙이 적용되듯이 베이지언은 모든 추론 활동에 적용되는 아주 중요한 공식이다. 제2차 세계대전 당시 나치군의 암호 체계인 '에니그마Enigma'를 해독할 때도, 냉전시대에 바다에서 들리는 소음 속에서 숨어 있는 소련의 잠수함을 찾아낼 때도 베이지언이 사용되었다. 오늘날 카메라에 포착된 사물의 이미지가 길인지 장애물인지 판단해 계속 가야 할지 멈춰야 할지 결정해야 하는 자율주행차를 만들 때도, 마지막 교신 지점과 바다에 떠 있는 기체 잔해의 위치를 보고 추락한 비행기를 수색할 때도 베이지인이 사용된다. 나도 연구원 시절에 신기한 데이터 기반 앱이나 서비스가 등장하면 동료들과 이구동성으로 "베이지언을 미친 듯이 쓰고 있다는 것만은 확실해"라고 했을 정도로 베이지언은 현대 데이터 사회에서 가장 자주 사용되는 공식이다. 물론 이렇게 거창한 것들뿐 아니라 우리가 길을 가다가 장애물을 보고 '저길 밟으면 넘어져 다칠 수도 있으니 돌아가야 한다'라고 생각하는 등의 생활 속 크고 작은 추론 과정에서도 베이지언이 작동하고 있다. 우리가 들이마시는 공기

처럼 자연스러운 것이라 인식을 하지 않고 있을 뿐이다.


## 초콜릿 한 알이 우주를 바꿀 수 있을까?

이제 베이지언이 어떻게 작동하는지 감을 잡기 위해 쉬운 문제 하나를 풀어보자. 우리 앞에 초콜릿 통 2개가 있는데, 1번 통에는 화이트 초콜릿 30개와 블랙 초콜릿 10개가, 2번 통에는 화이트 초콜릿 20개와 블랙 초콜릿 20개가 들어 있다. 여러분은 눈이 가려진 채 두 통 가운데 하나를 무작위로 골라 그 안에 손을 넣어 초콜릿 하나를 집어 든다. 이 상태에서 통을 치운 다음 눈가리개를 벗자 손안에 화이트 초콜릿 1개가 있다. 이 화이트 초콜릿이 '1번 통에서 나왔을 확률'은 과연 얼마인가? 즉, 화이트 초콜릿을 집었다는 조건에서 1번 통을 골랐을 조건부 확률 P('1번 통을 고름'|'화이트 초콜릿을 집음')를 묻는 것이다.

공식을 사용해 답을 정확히 계산하기 전에 한번 직관적으로 따져보자. 지금처럼 화이트 초콜릿을 집었다는 사실 하나만 갖고 보았을 때 과연 고른 것이 1번 통일 확률이 클까, 2번 통일 확률이 클까? 일단 1·2번 통 모두에 화이트 초콜릿이 들어 있었으므로 1번 통일 확률이 100%는 아니다. 그렇지만 각 통을 골랐을 확률이 똑같이 50%일까? 눈을 가리고 초콜릿을 집기 전에는 그렇다고 할 수 있었으나, 화이트 초콜릿을 집었다는 것을 알게 된 이상 둘 가운데 화이트 초콜릿이 더 많이 들어 있던 1번 통을 골랐

을 확률이 조금 더 높다고 보는 게 상식적이다. 베이지언의 역할은 이러한 상식적인 결론에 정확한 숫자를 부여하는 것이다. 편의를 위해 A('1번 통을 고름'), B('화이트 초콜릿을 집음')로 표시하면 P(A|B)를 알아내야 하는 문제이므로, 베이즈의 공식에서 P(A), P(B|A), P(B)의 세 가지 값을 알아야 질문에 답할 수 있다.

첫째, 조건이 없는 P(A), 즉 초콜릿을 고르기 전에 1번 통을 고를 확률은 앞서 살펴보았듯 50%다. 둘째, P(B|A), 즉 1번 통을 골랐다는 조건하에서 화이트 초콜릿을 고를 확률은 1번 통에 든 초콜릿의 색을 보면 알 수 있다. 1번 통에는 화이트 초콜릿이 30개, 블랙 초콜릿이 10개 들어 있었으므로 그 값은 30/40=75%다. 마지막으로 P(B), 즉 결과적으로 우리가 화이트 초콜릿을 집었을 확률을 구해보자. 화이트 초콜릿을 집을 경우의 수는, '1번 통을 50%의 확률로 고른 다음에 75%의 확률로 화이트 초콜릿을 집음' 또는 '2번 통을 50%의 확률로 고른 다음에 화이트 초콜릿을 20/40=50%로 집음'이므로 P(B)는 50%×75%+50%×50%=62.5%가 된다.

이렇게 나온 세 가지 확률 값들을 베이지언에 대입하면, 화이트 초콜릿을 집었을 때 1번 통을 골랐을 확률, 다시 말해 P('1번 통을 고름'|'화이트 초콜릿을 집음')는 P('화이트 초콜릿을 집음'|'1번 통을 고름')×P('1번 통을 고름')/P('화이트 초콜릿을 집음')=75%×50%/62.5%=60%가 되고, 반대로 2번 통을 골

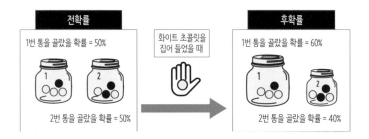

화이트 초콜릿 30개, 블랙 초콜릿 10개가 든 1번 통과 화이트 초콜릿 20개, 블랙 초콜릿 20개가 든 2번 통에서 눈을 가리고 하나를 고를 때 각 통을 고를 '전확률'은 50% 대 50%다. 하지만 통에서 화이트 초콜릿을 집어 들었을 때 각 통을 골랐을 '후확률'은 각각 60%(1번), 40%(2번)가 된다.

랐을 확률은 40%로 줄어든다. 즉, 손안에 화이트 초콜릿이 있다는 관찰 데이터가 1번 통을 골랐을 확률을 50%에서 60%로 10% 포인트 올려준 것이다. 이와 같이 데이터와 베이지언을 통한 추론으로 어떤 사건에 대한 지식이나 추정이 변화할 때 이를 '전확률prior'이 '후확률posterior'로 바뀌었다고 말한다.

이처럼 베이지언은 한 사건의 관찰('통 안에 손을 넣어 고른 초콜릿이 화이트였다')을 근거로 여러 가지 가능성('1번 통을 골랐는지', '2번 통을 골랐는지')의 확률이 어떻게 변화하는지 알려준다. 조금 더 일반적으로 표현하자면, 베이지언은 '관찰(데이터) D'를 얻었을 때 어떤 상태를 나타내는 변수 $x$('1번 통을 골랐는지', '2번 통을 골랐는지')의 '전확률 P($x$)'가 '후확률 P($x$|D)'로 변하는 과정에서

두 확률이 정확히 $P(x|D)=P(D|x)P(x)/P(D)$의 수학적 관계로 이어져 있음을 보여준다.

여기에서 우리가 다시 곱씹어 보아야 할 사실은 '1번 통을 골랐을 확률은?'이라는 질문에 대한 최선의 대답이 손안의 화이트 초콜릿을 보기 전후로 달라져 버렸다는 것이다. 조금 더 극적으로 표현하자면 하나에 100원도 하지 않을 손안의 초콜릿을 보고 한 줄짜리 수학 공식을 풀어버리는 순간, 우리는 1번과 2번 통을 골랐을 확률이 50 대 50이었던 우주에서 60 대 40인 새로운 우주로 가는 포털을 통과한 것이고, 원래 우주로 영영 돌아갈 수 없게 되었다고 할 수 있다. 그런데 이런 힘을 가진 베이지언 때문에 되돌아올 수 없는 잘못된 길로 가는 무서운 일이 벌어진다면? 그 이야기는 바로 다음 글에서 계속하겠다.

# 카산드라의 저주는
# 아직 끝나지 않았다
## 확률과 믿음

《표준국어대사전》에서는 확률을 "일정한 조건 아래에서 어떤 사건이나 사상事象이 일어날 가능성의 정도. 또는 수치"라고 정의한다. 확률은 0(일어날 수 없음)과 1(반드시 일어남) 사이의 값을 가지며 그 값은 데이터로부터 나오는데, 지난 100일 동안 아침에 비가 온 날이 20일이었다면 '아침에 비가 올 확률은 20%'라고 말하는 식이다. 그런데 사건의 확률을 이러한 데이터 속의 빈도frequency와 동일시하는 '빈도주의자'들에 맞서는 새로운 부류의 학자들이 등장하면서 20세기 통계학은 확률의 정확한 의미를 둘러싼 논쟁의 장이 되었다.

빈도주의자들에 대항하던 이 '반대파'는 "지난 100일 동안 비가 20번 왔다면 20%, 200일 동안 45일이었다면 22.5%, 1000일

동안 230일이었다면 23%로 그 값이 변할 수 있는데 어떻게 데이터로부터 단 하나의 통일된 확률을 찾아낼 수 있다는 것인가?"라고 반문했다. 이에 대해 빈도주의자들이 "100개, 200개, 1000개가 아니라 무한한 데이터로부터 계산되는 하나의 값을 확률이라고 하면 된다"라고 반박하자 반대파는 "무한한 데이터는 존재할 수 없으므로 그에 따라 당신들의 확률도 존재하지 않는 자가당착에 빠진다"라며 재반박했다.

이 논쟁의 요점을 조금 더 쉽게 이해하기 위해 (아인슈타인이 유독 좋아했다고 알려진) 한 가지 사고 실험gedanken experiment을 해보자. 집에서 굴러다니던 100원짜리 동전을 공중에 던졌을 때 충무공 얼굴이 위로 보이는 방향으로 떨어질 확률은 얼마일까? 수업 시간에 이 질문을 학생들에게 던지면 누군가가 50%라고 대답하고, 나머지 학생들도 대개 이에 대한 이견을 제시하지 않는다. 그런데 빈도주의자들에 따르면 이 학생들은 애초에 불가능한, 무한한 실험을 하지 않고서는 알 수 없는 유령 같은 존재에 대해 확신을 갖고 말한 사람들이 된다. 과학을 전공한다는 사람들이!

## 주관적인 확률이 모여 드러내는 진실

빈도주의 반대파는 '확률이라는 개념은 존재하지만 그 값은 결코 알아낼 수 없다'는 자가당착의 문제를 해결하려면 확률에 대한 완전히 새로운 정의가 필요하다고 주장했다. 반대파가 내세운 새로운 정의는, 확률이란 바로 사건이 벌어질 가능성에 대한 믿음의 척도라는 것이었다. 이들은 차갑고 객관적인 숫자의 세계를 다뤄야 하는 과학에 다소 뜬금없이 '믿음'이라고 하는 주관성을 넣음으로써 빈도주의의 모순을 해소하려 했다. 100원짜리 동전의 예에 적용해 보자면, 학생들은 단지 '확률이 50%'라는 '믿음'을 표시한 것이기 때문에 문제가 되지 않는다. 정확한 값은 모르지만 그럴 것이라고 믿는다는데 어찌할 것인가?

확률은 주관적인 믿음이라고 주장한 빈도주의 반대파의 이름이 바로 흥미롭게도 '베이지언 학파'였다. 아주 단순한 공식을 적용해 전확률로부터 후확률을 쉬지 않고 계산해 내는 것이 베이지언 추론의 본질인데, 베이지언 학파 입장에서는 확률을 계산할 때마다 '무한한 반복 실험으로 검증해야 믿어주겠다'는 빈도주의자들의 발목 잡는 태도가 매우 성가셨던 것 같다. 그런데 베이지언 학파의 주장을 받아들인다면, 과연 '통일된' 또는 '정확한' 확률값이라는 것이 애초에 과연 존재할 수 있는 것인가 하는 심오한 질문이 따라온다. 확률이 단지 '개인의 믿음'에 지나지 않는 임의의 값이라면, 모든 변수 $x$에 대한 확률은 사람마다 다를 수 있으므로 우리는 어떠한 공통된 진실이 없는 아나키anarchy(지배가 없는) 우주에 사는 셈이 된다. 반면 $x$마다 옳은 확률값은 있는데 알 방법이 없는 것이라면, 우리는 그 값을 아는 신통한 소수를 제외하면 그릇된 믿음을 갖고 있는 사람으로 전락해 버리고 만다.

풀려고 하면 할수록 꼬이고 마는 매듭 같은 이 철학적 문제에서 헤어나기 위해(이 논쟁이 왜 정답 없이 수십 년 동안 이어졌는지 알 것 같기도 하다) 100원짜리 동전의 예를 마지막으로 다시 한번 들어보도록 한다. 이번에는 내가 허공에 던진 동전을 방향이 안 보이게 양손으로 붙잡은 뒤에 주먹 쥔 양손을 내밀어 여러분에게 이렇게 묻는다고 상상해 보자. "내가 오른손을 폈을 때 동전이 있을 확률은 얼마일까요?"

이 질문에 대해서도 양손에 있을 확률이 같으니까 50%라고 답하는 사람들이 제일 많을 것 같고, 내가 오른손잡이인 걸 아는 일부는 그보다 높은 60% 정도라고 말할 수도 있을 것 같다. 그런데 나는 내내 그 동전을 왼손에 쥐고 있었으므로(나는 어느 쪽 손인지 아니까) 이 질문에 대한 올바른 답은 0%여야 한다. 하지만 사람들은 그와 다른 '50%', '60%'라는 답을 내게 준 것이다.

과연 이 사람들에게 나는 "나만 옳고 당신들은 틀렸어"라고 당당하게 말할 수 있을까? '정답은 하나뿐이고, 나머지는 다 틀렸다'는 기준으로만 매사에 옳고 그름을 따진다면 어떻게 될까? 모든 것에 대한 정답을 알고 있는 전지全知한 신이 존재한다면, '아무것도 모르는' 인류가 하는 많은 일이 얼마나 하찮아 보일까 하는 자조감이 들기도 한다. 그리고 또한 '정확한 확률을 알 수 없다면서 베이지언은 왜 이렇게 잘 작동을 하는 걸까?'라는 궁금증도 생길 것 같다. 다시 말해, 모두가 서로 다른 주관적인 전확률을 갖고 있으니 베이지언을 아무리 정확하게 적용시켜도 그에 따른 후확률도 결국 사람마다 다를 수밖에 없는 것 아닐까?

베이지언 추론의 역사를 통해 인류가 알게 된 사실은, 충분히 올바른 관찰을 반복해 쌓인 양질의 데이터에 베이지언을 적용시키면 '전확률 값에 크게 상관없이' 결국에는 공통의 최종적인 후확률로 수렴할 수 있다는 것이었다. 이런 결론은 과학기술에서뿐만 아니라 다른 다양한 분야에서도 구성원들의 공통된 합의가 이루어질 가능성을 과학적으로 보여줬다는 의미가 있다. 발전을 거듭할수록 더 똑똑해지는 자율주행차나 여러 번의 검사를 통해서 더욱더 정확한 병명을 진단해 가는 의학 등 전통적인 과학기술의 영역뿐 아니라, 여러 번의 논증과 반박을 통해 유무죄를 결정해 가는 현대의 재판과 같은 사회적 제도의 등장도 '진실이란 여러 단계를 거쳐서 접근해 가는 것'이라는 인류의 경험을 반영한다고 볼 수 있다.

## 베이지언의 사투는 계속된다

상상할수록 아득한 복잡성을 띠고 있는 우주에서, 이러한 점진적 진실 찾기가 가능하다는 사실은 인류에게 큰 안도감의 원천이 될 수 있을 것 같다. 우주라는 카오스chaos에서 옳고 그름이란, 처음부터 누군가의 '정답'으로 결정되어 있는 것이 아니라, 비록 부정확한 믿음(전확률)으로부터 시작하더라도 꾸밈없는 증거와 지치지 않는 관찰에 의거하여 더욱더 정확한 믿음(후확률)으로 만들어지는 것이라는 안도감 말이다. 인류가 '완벽한 지식'에 대한 한순간의 맹신보다는 주관적인 믿음은 언제든 바뀔 수 있다는 사고의 유연성과 겸허함을 바탕으로 지금의 문명을 이루었다는 사실은 아무리 강조해도 지나치지 않을 것이다.

그러나 위대한 문명을 가능하게 한 과학적 장치조차 이길 수 없는 것이 있으니 바로 닫혀버린 사람의 마음이다. '믿음'의 불완전성을 극복하고 진실에 수렴하게 해주는 베이지언조차도 극도로 편향된 사람의 선입견과 편견 앞에서는 전혀 소용없다는 것이다. '내 마음에 들지 않는 가능성의 확률은 무조건 0%일 수밖에 없어'라는 극단적 신념(전확률)을 가진 사람에게는 아무리 강력한 증거들이 제시된다 하더라도 후확률이 도무지 0%를 벗어날 수 없기 때문이다.

진실은 닫힌 마음에게는 영원히 그 정체를 드러내지 않는다. 한 집단이 자신들의 믿음에 반하는 어떤 다른 가능성도 허용하지 않을 때 벌어질 수 있는 파국을 보여주는 것이 바로 카산드라의 이야기다. 우리는 이제 카산드라의 저주가 실은 카산드라 개인에게 내려진 것이 아니라, 그의 말이 옳을 수도 있다는 생각을 좁쌀만큼도 하지 못한 트로이 시민들에게 내려졌던 것임을 이해할 수 있다. '카산드라는 거짓말쟁이'라는 선입견은 스파르타군의 후퇴를 의심할 여지 없는 승리의 증거로, 그들이 남겨놓은 목마를 전

리품으로만 생각하도록 만들었으며 그 결과는 멸망이었다.

다행히도 현대사회는 카산드라의 저주를 끊어낼 베이지언이라는 무기를 갖고 있다. 그렇지만 우리가 정말 카산드라의 저주로부터 완벽히 풀려나 있을까? 근본적으로 낙관주의자인 나는 조금이라도 나아졌을 것이라고 생각한다. 하지만 여전히 '우리 생각만이 옳다'는 선입견과 '모든 것이 우리만 옳다는 것을 승명해준다'는 확증편향을 가진 사람이 많고, 요즘에는 더 나아가 '누군가가 우리를 속이려고 진실을 조작하고 있다'는 음모론을 펼치는 집단들마저 보이고 있다. 만약에 그러한 모습이 내 눈에만 보이는 것이 아니라면, 카산드라의 저주를 끊고 더 발전된 미래를 열기 위한 베이지언의 사투는 여전히 진행형인 것이다.

# 뉴턴의 이성이냐,
# 괴테의 감각이냐?
## 이성과 감각

자연과학자, 특히 나 같은 물리학자들은 우주를 '공식에 따라 작동하는 기계'로 상상하는 경향이 있다. 눈으로 볼 수 없는 아주 작은 입자들이 엄격한 규칙에 따라 시계의 톱니바퀴처럼 협동하고, 그것들이 모여 거대한 우주의 현재와 미래가 만들어지고 있다고 믿는 것이다. 기계적 세계관에 따르면 우주의 본질은 한 치의 오류도 허용되지 않는 정밀성에 있으며, 과학은 그 정밀한 규칙을 발견해 나가는 활동이라고 볼 수 있다. 그리고 뉴턴은《프린키피아Principia》라는 역작을 통해 기계적 세계관의 정수를 보여주었다. 물론 '바로 지금 우주의 상태를 알면 미래를 완벽하게 예측할 수 있다'는 뉴턴 시대의 기계적 세계관에 대한 도전은 역사 속에서 끊임없이 이어졌다. 그 대표적인 예로 양자역학이 있다.

양자역학에서는 뉴턴역학과 달리 우리가 지금 우주의 상태를 완벽하게 알 수 없고, 따라서 미래 또한 완벽하게 예측할 수 없다고 말한다. 이처럼 하나의 확실한 미래가 아니라 여러 가지 미래의 가능성이 각각의 확률을 갖고 존재한다는 양자역학의 함의를 두고 아인슈타인은 "신은 주사위 놀이를 하지 않는다"라고 말하며 받아들이기를 거부했다. 하지만 양자역학의 성공이 계속되자 아인슈타인은 "신이 주사위 놀이를 하긴 하지만, 그 주사위 놀이의 규칙은 아주 명확하다"라며 조금 더 절묘한 방법으로 자신의 기계적 세계관과 양자역학 사이의 타협점을 찾는다. 아인슈타인은 약간의 수정을 가하는 타협을 통해 자신의 신념과 부정하기어려운 과학의 발전을 조화시켜 '마음의 평화'와 '행복'을 되찾았을 것으로 생각된다.

마음의 평화, 행복…. '이성 우선주의'의 최첨단을 달리며, 비합리적인 세상에서 '이성의 지킴이' 역할을 한다고 자부하는 과학자들(산에 올라가 "제발 과학자 말 좀 들어라!"라고 외치는 과학자들이 적지 않다)에게도 '이성과 감각의 대결'이 펼쳐지는 이유는 무엇일까?

### 뉴턴의 무지개 실험

물리학자의 명성은 그 이름이나 업적이 얼마나 낮은 학년의 교과서에 등장하는지를 보면 알 수 있다는 우스갯소리가 있다. 중학교 교과서에 등장하는 '운동 3법칙'의 뉴턴보다 더 유명한 물리학자는 없다고 하기도 한다. 그런데 물리학 역사에서 뉴턴은 《옵틱스》(영어로는 'OPTICKS'라는 고풍스러운 철자의 제목이 적힌 책)에 담긴 광학, 즉 '빛에 대한 연구'로도 유명하다. 말로만 쉽지 일상생활에서는 구현이 거의 불가능한 '마찰이 없는 표면'이 있어야 제대로 확인할 수 있는 운동 3법칙을 소개한 《프린키피아》와 달리, 삼각형 단면을 가진 프리즘 하나만 있으면 해볼 수 있는 실험으로 가득한 《옵틱스》가 더 대중적인 책으로 평가받기도 한다.

《옵틱스》에서 제일 유명한 실험이 바로 뉴턴의 무지개 실험이다. 뉴턴은 밀폐되어 어두운 상자 한쪽 벽에 동그란 구멍을 내고, 이를 통해 들어온 빛이 프리즘을 통과해 반대편 벽에 만드는 무늬를 관찰했다. 들어올 때는 하얗던 빛이 벽에서 (우리가 흔히 '빨주노초파남보'라고 부르는) 일곱 가지 색으로 나뉘는 것을 발견한 뉴턴은 그것들이 빛을 이루는 기본 중의 기본이라고 생각했다.

뉴턴이 이 발견을 하던 당시 물리학계에서는 '빛'이라는 것이 물결과 같은 '파동'(물결)인가, 아니면 먼지와 같은 '입자'(알갱이)인가 하는 논쟁이 한창이었다. 뉴턴은 이 일곱 가지 기본 색을 '빛은 알갱이'라는 자신의 신념을 뒷받침하는 증거로 받아들였다. 즉, 뉴턴은 일곱 가지 색이 서로 다른 굴절률을 가진 근원적인 '빛 알갱이' 일곱 종류의 존재를 보여준다고 생각했고, 자신이 빛이라는 자연물의 본질을 이해해 냈다고 믿었다. 이렇게 자신의 '알갱이 이론'에 척척 들어맞는 듯한 실험을 하고 나자 천하의 뉴턴도 '이

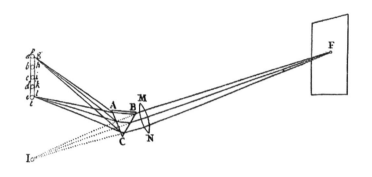

**《옵틱스》에 기록된 뉴턴의 무지개 실험.**

제 다 됐다'는 마음의 평화를 얻은 것일까? 뉴턴은 흰빛을 여러 가지 색으로 나눌 수 있다는 큰 발견을 하고 나서도, 색 자체에 대한 더 깊은 연구를 하지 않았다. 물론 '뉴턴의 색상 고리Newton's color wheel'라는 개념을 내세우면서 각각의 색을 적당히 섞으면 다른 색을 만들 수 있다는 주장까지는 하였으나, 어떤 색을 어떻게 섞어야 하는지에 대해서는 제대로 설명하지 않은 채 색과 같은 "자연을 이해하는 데 별로 상관없는 사소한 호기심의 대상"에 더 이상 시간을 쓰진 않겠다며 《옵틱스》를 서둘러 마무리한다. 볼 수도 없는 물체들의 원리를 집요하게 파고들어 밝혀냈던 뉴턴답지 않은 냉담함에 살짝 놀라지 않을 수 없다. '내 이론이 또 한 번 맞았다'는 자신감이 그의 눈을 가린 것인지, 아니면 그 자신감이 준 마음의 평화를 깨고 싶지 않아 일부러 눈을 감아버린 것인지는 모르겠지만.

여러 문제점에도 불구하고 뉴턴의 이름값 때문에 지금도 물리학 교과서에서 고전광학을 이야기할 때 뉴턴의 《옵틱스》만을 다루는 경우가 많다. 하지만 물리학 바깥 영역에서는 실제로 색을 이해하거나 사용하는 데《옵틱스》보다 더 중요한 기여를 한 것으로 평가받는《색채론Theory of Color》(1810)이라는 책이 있다. 흥미롭게도 이 책의 저자는 바로《파우스트》,《젊은 베르테르의 슬픔》을 쓴 작가이자 철학자로 유명한 요한 볼프강 괴테(1749~1832)다. 대문호지만 과학자는 아니었던 괴테가 뉴턴과 비견될 정도의 과학적 업적을 남겼다? 도대체 어떻게 된 이야기일까?

## 뉴턴의 무지개에는 없던 빛깔

괴테는 한때 뉴턴의 《옵틱스》에 매료되어, 뉴턴을 따라 빛과 프리즘으로 여러 실험을 직접 수행해 보았다고 한다. 특히 서로 다른 빛깔로 칠해진 표면이 만나는 지점이 프리즘을 통하면 어떤 모양으로 보일지에 큰 관심을 가졌던 괴테는 뉴턴이 일곱 가지 빛깔을 찾았다고 주장한 무지개 실험의 큰 문제점을 깨닫는다. 언제나 일곱 가지의 빛깔이 나타난다는 뉴턴의 주장과는 달리, 프리즘으로부터 상이 맺히는 반대쪽 벽까지의 거리에 따라 뉴턴의 띠와 사뭇 다른 상들이 맺힐 수 있음을 알아낸 것이다.

뉴턴 같은 꼼꼼한 과학자가 왜 저런 것을 발견하지 못했거나

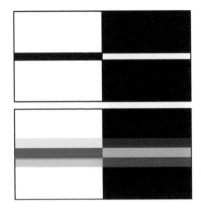

괴테는 위쪽 그림을 프리즘을 통해서
보면 아래쪽 그림과 같이 띠 무늬가 보
이고, 뉴턴의 무지개에는 없는 마젠타
가 존재한다는 것을 발견했다.

빠뜨렸는지 알 수는 없지만, 과학계에서 권위라고 할 게 없으니
허영심에 빠질 일도 없었던 괴테의 순박함은 그 후로 더 빛을 발
한다. 괴테는 순수한 호기심을 바탕으로 프리즘에 들어오는 빛의
모양, 프리즘과 벽 사이의 거리를 바꿔가면서 벽에 어떤 상이 맺
히는지 끈질기게 실험하며 기록한 끝에, 뉴턴의 무지개는 아주 특
별한 조건에서만 성립하는 것이며 '흰빛이 일곱 가지 색으로 이
루어져 있다고 할 수는 없음'을 증명해 낸다.

　괴테는 여기에서 멈추지 않고 여러 발자국을 더 나아간다. 어
두운 배경 속에 들어오는 한 줄기의 밝은 빛뿐만 아니라, 어둡고
밝은 무늬가 만나는 경계선을 프리즘을 통해 관찰한 것이다. 괴
테는 그 경계선에서 아주 흥미롭고 다양한 빛의 띠가 생겨난다는
것을 발견했고, 이 가운데에는 뉴턴의 무지개에서는 볼 수 없는

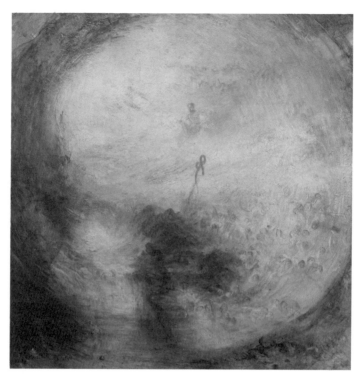

괴테의 감각 중심 색채 이론에 영감받은 조지프 터너의 〈빛과 색(괴테의 이론)〉.

색도 선명하게 존재한다는 것을 알아낸다. 그 가운데 대표적인 것이 컬러프린터의 잉크나 토너를 교체해 본 현대인에게는 'M'으로 익숙한 마젠타Magenta(심홍색)다. 편의를 위해 빨강이라고 부르기도 하지만("빨강 토너 주세요"), 마젠타는 뉴턴의 무지개 색 가운데 하나인 'R', 즉 빨강Red과는 엄연히 다른 색으로서, '일곱 가지 색' 가운데 하나가 아니기 때문에 뉴턴에게는 관심의 대상이 아니었다. 하지만 마젠타는 괴테의 실험을 통해 다른 색들과 동등한 지위를 갖게 되었고, 오히려 뉴턴 이론의 맹점을 보여주는 핵심적인 증거가 되었다. 괴테의 색상 고리는 오늘날에도 프리즘 기반 색상 합성, 유채색의 그림 생성 등에서 핵심적으로 사용되고 있다.

## 과학적으로 무엇이 더 가치 있는가?

열린 마음으로 수행한 괴테의 색채 연구는 영국 런던 테이트브리튼Tate Britain 미술관에 걸려 있는 조지프 터너Joseph Turner(1775~1851)의 〈빛과 색(괴테의 이론)Light and Colour (Goethe's Theory)〉이라는 그림의 영감이 되기도 했다. 이 그림은 괴테가 끈질기게 탐구했던, 빛과 어둠의 경계선에서 만들어지는 무한히 다양하고 변화무쌍한 색상을 표현한 명작으로서 지금도 사랑받고 있다. 반면 색을 예술로서, 감각을 자극하는 자연의 신비로서 이해하고 또 창조해 내고 싶어 하던 다른 사람들의 욕망을 "중요하지 않은 사소한 호기심" 정도로 치부하며, '자신의 이론에 맞추기' 위해 불변의 기본색이 있다는 잘못된 근거를 토대로 만들었던 뉴턴의 색상 고리는 지금은 어느 누구에게도 영감을 주지 못하는 쓸모없는 물건으로 사장되어 거의 잊히고 말았다.

'엄밀한' 과학적 방법론의 입장에서 볼 때 뉴턴은 흠잡을 데 없는 정통적인 방법으로 연구했던 반면, 괴테는 제대로 된 과학 실험을 수행한 것이 아니라고 주장하는 사람들이 꽤나 많이 존재한다. 20세기의 대표적인 과학철학자 칼 포퍼<sup>Karl Popper(1902~1994)</sup>에 따르면 '올바른 과학적 실험'이란 실험가가 갖고 있는 ('과학적 이론'의 단초라고 볼 수 있는) 가설을 지지하거나 배제시킬 수 있을 때만 가치 있는데, 뉴턴의 실험은 알갱이론을 지지하는 결과를 생성하였으니 '올바른 실험'이었지만, 괴테의 실험은 그렇지 않다는 주장이다. 그렇다면 만약 괴테의 실험 목적이 '뉴턴이 틀렸다는 걸 증명하는 것'이었다면 차라리 과학적으로 더 가치가 있었을까? 포퍼의 논리에 따르면 형식적으로는 그렇게 볼 수도 있겠다. 하지만 실제로 괴테의 실험이 그러했다면 우리에게 남은 건 터너의 아름답고 심오한 그림이나 새로운 색상을 만들어 내는 실용적인 방법론이 아니라, '누가 더 옳았는가' 하는 뉴턴과 괴테의 논쟁의 기록뿐이었을 것이다. 여러분은 정말로 이것이 더 과학적으로 가치 있는 일이었을 것이라고 생각하는지?

# 사람의 감정을
# 조립할 수 있을까?

## 환원주의와 편견

우리는 과학을 흔히 사물의 이치를 '근원적'으로 이해하려는 학문이라고 알고 있다. 그 탓에 '가'와 '나' 두 가지 학문이 있다고 할 때, 어떤 것이 더 근원적인지 비교하며 어떤 학문을 다른 학문의 뿌리라고 생각하곤 한다. 이러한 사고방식을 잘 보여주는 농담이 있다. 여러 학문이 서로에게 순서대로 한마디씩 한다.

물리학이 화학에게 말한다. "화학은 응용물리학이야."

화학이 생물학에게 말한다. "생물학은 응용화학이야."

생물학이 심리학에게 말한다. "심리학은 응용생물학이야."

심리학이 사회학에게 말한다. "사회학은 응용심리학이야."

사회학이 경제학에게 말한다. "경제학은 응용사회학이야."

(…)

멀리 떨어져 있는 '수학'이 모두에게 외친다. "이봐들! 내 말 들려?"

물론 진실을 조금 담고 있는 농담이지만, 이처럼 학문들을 '근원'과 '응용'으로 나눠 줄 세우려는 시도의 배경에는 근원적인 이해를 위한 최선의 과학적 방법은 연구 대상을 지속적으로 더 작은 부분으로 쪼개나가면서 각 부분을 더 세세히 살피는 것이라는 환원주의 철학reductionist philosophy이 있다. 그리고 이러한 인식은 여전히 과학자들 사이에서 팽배하다. 인체 속의 세포에서부터 경제적·사회적 현상 그리고 거대한 은하계까지 거의 모든 연구 대상이 수많은 구성 요소(분자, 사람, 행성과 별가루stardust)가 서로 얽히고 상호작용하면서 작동하는, 환원주의적 방식으로는 이해하기 어려운 복합게임에도 불구하고 말이다.

## 쪼갤수록 이해에서 멀어지는 역설

물론 대상을 계속 잘게 쪼개가면서 탐구하는 것이 역사적으로 근대과학이 태동하고 성공하는 데 기여한 면이 있었던 것도 사실이다. 예를 들어, 우리가 잘 알고 있는 $F=ma$라는 뉴턴의 운동 방정식을 다시 한번 생각해 보자. 이 식은 $m$의 질량을 가진 물체에 가해지는 힘 $F$, 그리고 $(x,y,z)$로 표시되는 그 물체의 3차원적 위치와 $(v_x, v_y, v_z)$로 표시되는 3차원적 속도만 알면 그 물체가 미래에 어디에 있을지 완벽하게 알아내는 '물리학적 예언서'라고 할 수 있다. 그래서 뉴턴의 이 예언서 같은 방정식을 남들보다 잘 풀어내는 사람은 그야말로 신탁神託의 힘을 가지게 되는 셈이다. 그 능력을 과신했던 천체역학자 피에르시몽 드 라플라스Pierre-Simon Laplace(1749~1827)는 "지금 우주에 있는 모든 원자의 위치와 속력을 알려주면 우주의 과거와 미래를 모두 말해주겠다"라며 자신의 '신성한' 능력을 자랑하기까지 했다.

그러나 스스로를 신이라고 부르기는 조금 부끄러웠는지 그는 '라플라스의 도깨비Laplace's Demon'라는 전지전능한 허구의 존재를 만들어 자신을 대신하게 했다. 라플라스의 자신감대로라면, 갑자기 몰아친 소나기에 아끼는 옷이 흠뻑 젖거나, 난데없이 끼어든 난폭운전 자동차 때문에 간담이 서늘해진 경험이 있는 사람에게 "미래를 알려줄 수 있는 라플라스의 도깨비에 대한 믿음과 찬양이 부족했기 때문"이라고 말할 수도 있을 것이다.

하지만 이렇게 근원적인 과학이 존재하고 그것을 통해서만 우주의 모든 것을 완벽하게 이해하고 발전시킬 수 있다는 라플라스의 의기양양한 주장은 과학의 발전을 더디게 할 뿐만 아니라, 본질적으로 실현 불가능하다는 깨달음이 20세기 말부터 생겨나기 시작했다. 대표적으로 고체물리학solid-state physics 또는 응집물질물리학condensed-matter physics에 큰 족적을 남기며 1977년 노벨물리학상을 수상한 필립 W. 앤더슨Philip W. Anderson(1923~2020)은 〈많으면 달라진다More Is Different〉라는 에세이에서 물리학적 환원주의의 극한이라고 할 수 있는 입자물리학particle physics(원자보다 작은 소립자들을 연구하는 물리학) 전문가들이 만물의 '근원'을 찾겠다며 원자를 점점 더 작게 쪼개면 쪼갤수록 오히려 그 원자들로 이루어져 있는 세포, 생명체, 인간 그리고 사회와 같은 것들을 이해하는 일로부터는 더욱더 멀어지고 있음을 지적한다. 즉, 원자들이 아주 많이 뭉쳐 만들어진 세포는 원자 하나하나만을 떼서 볼 때는 관찰하거나 예측할 수 없는 일종의 본질적인 변화를 나타낸다는 것이다. 생물의 '살아 있음'이나 사람의 '감정을 느낌' 자체가 바로 그러한 본질적인 변화를 보여준다. 만약에 심리학이 물리학의 응용(화학)의 응용(생물학)의 응용에 지나지 않는다면, 쿼크와 같은 아주 작은 소립자들을 뭉쳐 사람의 감정을 '조립'해 내는 방법을 알아낼 수 있어야 할 텐데, 나는 그 과정을 밝혀냈다고 말하는 사람을 본 적이 없다.

앞서 이야기한 뉴턴 방정식을 포함해 제임스 클러크 맥스웰James Clerk Maxwell(1831~1879)의 전자기 방정식, 에르빈 슈뢰딩거Erwin Schrödinger(1887~1961)의 양자역학 방정식 등 '기본 방정식fundamental equations'을 통해 자연현상을 정확하게 설명할 수 있으므로 과학이 자연의 진실을 향해 다가가고 있다고 주장하는 사람이 여전히 많지만, 과학은 사람의 감정과 욕망 등에 대해서는 TV 시리즈 〈배틀스타 갤럭티카(Battlestar Galactica)에서 인간과 기계의 조합체인 '하이브리드'가 내뱉는 인간언어와 기계어의 기괴한 조합보다도 쓸모가 없는 경우가 허다하다. 그래서 차라리 포크 듀오 사이먼 & 가펑클Simon & Garfunk의 노랫말처럼 지하철 터널 벽에서 예언자의 말을 찾아 두리번거리고, 존재할 수 없는 "침묵의 소리The Sound of Silence"에 더 깊은 진실이 있다고 믿게 되는 것인지도 모르겠다.

## 근원에 대한 집착을 버리면 보이는 것들

물론 또 다른 부류의 과학자들은 이와 정반대의 자세로 전문지식과 상식이 (가끔은 아주 기발하게) 결합된 현실적인 방식으로 복합계를 이해하기 위해 노력하고 있다. 내가 이들을 직접 목격한 것은 하버드 의과대학 데이나파버 암연구소Dana-Farber Cancer Institute에서 생물정보학 분야 연구원으로 근무하던 때였다. 그곳에서 이론물리학자인 나를 진정으로 놀라게 한 것은 '유전자 제거gene knock-out' 실험이었다. 유전자는 생명체의 설계도로서 곱슬머리, 손가락의 개수 등 머리부터 발끝 사이 모든 것의 발생과 기능을 결정한다. 그런데 약 10만 개나 되는 인간 유전자 각각의 역할을 알아낸답시고 유전자 단백질을 이루고 있는 원자들의 운동 방정식을 풀려는 환원주의자들의 시도는 100이면 100 모두 실패로 끝날 수밖에 없다. '유전자 제거'는 이러한 접근과는 완전히 다르게 생물체로부터 특정 유전자를 없애버린 다음, 어떠한 일이 벌어지는지 관찰함으로써 그 유전자의 역할을 역으로 추적하는 철저히 경험주의적인 방법이다. 균형을 잡게 돕는 유전자가 제거된 채 태어난 생쥐들을 회전하는 봉에 올려놓자 여지없이 바닥으로 떨어지는 모습을 보면서 과연 웃어야 할지 말아야 할지 모르겠던 것도 고역이었지만, 정확한 방정식을 풀어야 진정한 연구인 것처럼 생각해 오던 나는 연구 방법 자체에 큰 문화적 충격을 받았다. 하지만 이러한 연구로 새로운 약과 치료법 들이 만들어지는 것을 보면서 '단 하나의 올바른 근원'에 대한 집착이 서서히 사라지는 경험도 할 수 있었다.

## 미나리는 어디서든 자란다

10년도 훨씬 더 지난 이때의 기억을 다시 불러낸 것은 바로 2021년 개봉한 영화 〈미나리〉였다. 뜬금없다고 여겨질 수도 있겠지만 〈미나리〉를 보기도 전에 '이것은 한국 영화인가, 미국 영화인가', '감독은 한국 사람인가, 미국 사람인가' 하며 근원부터 생각해 보려는 나 자신의 모습에서 과학의 막다른 길로 향해 가는 맹목적 환원주의가 연상되었기 때문이다. 게다가 현재 재외 한인이 제일 많이 살고 있는 미국으로의 이민 역사가 100년을 넘겼고, 한국에 대한 인지도는 역사상 최고에 달한 상황이다(미국에 사는 사촌동생은 내게 "요즘 여기 한국 거라면 다 좋아해!"라고 말하기도 했다). 〈미나리〉가 정말 어떠한 영화인지 선입견을 억누르고 제대로 살펴보는 것도 의미가 있겠다 싶다. 다음의 내용부터 스포일러 주의.

남편을 따라 삶의 터전과 해오던 일을 버리고 도착한 낯설고 새로운 땅, 그리고 선천적으로 언제 심장이 멎을지 모르는 아이가 걱정되는 상황에서 아내는 불만으로 가득하다. 마음대로 풀리지 않는 어려운 농장 생활 끝에 아내는 아이들과 가족을 위해 큰 도시로 돌아가겠다고 하고, 이에 남편은 아이들과 가족을 위해 하고 있는 일을 반드시 성공시키겠다고 한다. 가족을 위한다는 똑같은 대의명분이 가족의 분열로 이어질 수밖에 없는 화해 불가의 비극적인 상황이다.

서로의 간극을 확인한 순간, 거짓말처럼 아들의 병이 저절로 낫고 있다는 소식이 전해지고, 곧바로 안정적인 사업 계약까지 맺게 되면서 부부를 괴롭혔던 모든 우려가 일거에 해소되기 시작한다. 하지만 갑작스러운 좋은 소식이 실감이 나지 않아서였을까, 아니면 무의미한 자존심 때문이었을까 그들은 기뻐하기는커녕 똑같은 다툼을 반복한다.

그 이후 몇 시간을 달려온 한밤의 귀갓길. 오랫동안 오기를 갖고 길러내던 농작물들이 불에 휩싸여 모두 잿더미가 되어가고 있다. 그것들을 조금이라도 살려내고자 뛰어든 남편 옆으로 어느덧 아내도 다가와 불과 싸우기 시작한다. 말로는 모두 버리고 큰 도시로 다시 돌아가겠다며 결별을 선언한 아내였지만 그의 진심은 목숨을 걸어서라도 남편과 가족을 지키겠다는 것이었다. 영화 초반의 "서로를 구해주자고 했"던 약속을 말이 아니라 행동으로 지킨 그들은 모든 것을 처음부터 다시 시작한다.

이게 내가 기억하는 〈미나리〉의 내용인데, 두 사람이 불과 싸우는 장면을 생각할 때마다 눈물이 나오려고 할 뿐, 아무리 영화를 곱씹어 보아도 이게 한국 사람에 대한 한국 사람의 영화인지, 미국 사람에 대한 미국 사람의 영화인지 명확하게 구분할 수 있을 만한 장면은 도통 떠오르지 않는다. 그럼에도 '정이삭'보다 '아이작 청Isaac Chung'이라는 이름으로 더 자주 불리는 감독이 미국에서 만들었다는 사실만으로 '그들은 우리와 다르고, 이것은 우리의 이야기가 아니다'라고 단정 짓는 모습을 많이 봤는데, 이는 고난과 갈등의 극복이라는 인류의 보편적인 경험을 그린 빼어난 예술 작품을 못 알아보게 하는 눈가리개였을 것이다.

한 무리의 사람이 낯선 환경에서 새롭게 시작하는 삶의 결말은 생존과 성공일 수도, 소멸과 실패일 수도 있다. 이는 새로운 자연조건에서 진화하는 모든 복합계의 공통된 특성이다. 그리고 서로 떨어져 살면서 몇 세대가 지나고 나면 옛 터전에 남아 있는 무리들과는 완전히 다른 특성을 지니게 될 수도 있다. 하지만 기억해야 할 것은 그 무리들이 서로 '누가 더 근원적인가?'를 두고 경쟁하는 관계가 아니라는 것이다. 어디에 있든 무엇을 하든 현재를 살아가는 우리는 모두 미래 인류와 문명의 씨앗이기 때문이다.

# 모터사이클을 고치는
# 가장 빠른 방법
## 고전과 낭만

우리에게 주어진 삶은 유한하지만 순간순간 해결해야 하는 문제들의 복잡도는 무한해 보이는 경우가 많다. 삶을 기나긴 항해에 비유한다면 우리는 목적지로 향하기 위해 별을 보거나 바람을 재면서 겨우겨우 파랑을 헤쳐나가는 선원들인데, 때때로 배가 고장 나거나 이겨낼 수 없는 파도를 만나 난파해 바다에서 표류하기도 한다. 마냥 편안한 선객의 입장이라면 남들이 알아서 배를 고쳐주는 동안 경치만 즐기면 되겠지만, 최소한 나는 그렇게 마냥 마음 놓고 살 수 있는 사람을 알지 못한다. 지금까지 나와 교류했던 사람들은 모두 자기만의 바다에서 안간힘을 쓰고 앞으로 나아가려고 했다. 망망대해에서 배가 고장이 났을 때 직접 고쳐내야 하는 것은 나의 숙명이기도 하고, 당신의 숙명이기도 하다.

## 대학교수가 모터사이클을 타게 된 사연

이 책 원고를 신문에 연재하는 동안 나는 나를 "시간이 생긴 다면 자전거와 모터사이클을 타고 싶어 한다"라고 소개했다. 이 게 얼핏 보면 매일같이 자전거와 모터사이클을 타고 유유자적하 는 사람이라는 자랑 같겠지만, 사실은 바빠서 그러지는 못하고 시 간이 나기를 바랄 뿐인 평범한 생활인이라는 자조였다. 그러니 까 "시간이 생긴다면"이라고 했지. 언젠가 자문 위원으로 정부 위 원회에 참석했는데 헬멧을 들고 회의장에 들어온 나를 보고 한 분이 "11월이니 이제 끝물이지요?"라고 하셨다. 그 말을 듣고서 '아, 바이커에게는 장애물이 참 많구나'라는 생각이 들었다. 간만 에 집에서 회의장까지 30분이나마 모터사이클을 타서 신나 있는 나에게 축하를 해주기는커녕 저주를 내리다니!

자동차처럼 몸을 사방으로 막아주는 안락함을 기대할 수 없 는 모터사이클은 비 오면 비 오는 대로, 바람 불면 바람 부는 대로 자연의 법칙을 온몸으로 맞게 한다. 당연히 불편한 점도 있지만 사실 그것이야말로 쓴맛이 주는 쾌감이 매력인 맥주와 같은 모터 사이클의 본질이다. 걸어 다님의 느림, 일상의 평온함, 부드러운 목 넘김도 모두 좋지만 햇살과 바람, 더위와 추위를 가리지 않고 그대로 만끽하는 것은 말로 표현하기 어려운 감성적 즐거움 그 자체다. 그리고… 나와 같은 솔로라이더에게는 끝없는 고독과 소 중한 사색의 시간이다.

이러한 경험을 나만 한 것은 아니다. 그것이 수많은 라이더의 공통적인 경험이기 때문에 《선과 모터사이클 정비의 예술Zen and the Art of Motorcycle Maintenance》(1974)이라는 책이 나왔다고 생각한다. 미국 몬태나 주립대학교에서 교편을 잡기도 했던 저자 로버트 퍼시그Robert Pirsig(1928~2017)는 모터사이클의 탠덤 시트에 어린 아들을 태우고 중서부 미네소타에서 서부의 끝 샌프란시스코까지 미국을 횡단한 경험을 기반으로 이 책을 썼다. 그는 책에서 만물의 가치의 척도인 질quality이라는 것을 화두로 던지고, 그것을 고양할 방법을 사색한다. 그리고 앞에 놓인 문제를 해결할 때 대상에 대한 분석적이고 이성적 접근을 뜻하는 고전적 사고와, 그 과정을 정확하게 기술하기는 어려운 직관과 순간적 통찰로 이루어진 낭만적 사고가 동전의 양면처럼 함께해야 한다는 철학을 설파한다.

퍼시그는 대학에서 문예창작을 가르쳤다. 하지만 새로움을 추구하는 창작을 가르치면서 학생들을 A부터 F까지 딱딱한 학점 체제로 평가하고, 그에 맞춰서 '객관'이라는 가치를 강요해야 했다. 그러다 보니 높은 질을 갖춘 창작이 불가능한 학생들만 양산해 내고 있다는 사실에 깊이 고민하며 우울증에 빠진 적도 있다고 한다. 《선과 모터사이클 정비의 예술》은 모터사이클 여행을 통해 그 슬픔으로부터 벗어나는 여정처럼 읽힌다.

## 낭만적 사고가 필요한 이유

퍼시그는 고전적 사고와 낭만적 사고가 동시에 적용되어야 하는 대상으로 왜 군이 모터사이클 정비를 꼽은 것일까? 라이더들에게 모터사이클의 매력을 물어보면 '자유'를 최우선으로 댄다는데, 퍼시그에 따르면 단순히 라이딩 경험의 감성적인 성격 때문에 모터사이클 정비에 낭만적 사고가 필요한 것은 아니다. 아주 간단하게만 생각하면 모터사이클 정비에 필요한 것은 철두철미한 고전적 사고로 보인다. 모터사이클은 직선에서 시속 150킬로미터까지는 쉽게 가속할 수 있는 기계인데, 라이더의 안전을 위해서는 한 치의 오차도 없이 모든 것이 완벽하게 작동해야 할 것이다. 그러므로 모터사이클을 정비하는 데 직관이나 감성, 이른바 '때려 맞히는' 불확실성의 자리는 없어야 하는 게 맞다. 하지만 조금만 더 생각해 보면 매뉴얼을 순차적·논리적으로 따라가는 고전적 사고만으로는 모터사이클 정비가 불가능함을 알 수 있다.

모터사이클이 작동하지 않거나 오작동하는 경우, 사실 대부분은 어떤 특정한 부품이 고장 났는지 곧장 알기 어렵다. 모터사이클에 들어가는 부품의 수는 1만 개 정도(내연기관 차는 약 3만 개, 여객기는 약 600만 개라고 한다)라고 하는데, 각 부품의 고유 번호와 상세한 설계도 같은 고전적인 정보는 존재하더라도 수만 개에 달하는 부품 가운데 문제를 일으키는 단 하나를 순차적으로 찾아내는 일은 불가능에 가까울 수밖에 없다. 더 나아가 그 1만 개의 부품은 서로 연결된 복합계 네트워크(내연기관의 실린더 내부의 구조만 보아도 크랭크샤프트, 커넥팅 로드, 피스톤이 기계적으로 연결돼 있고, 스파크플러그와 밸브는 열화학적 반응으로 연결돼 있는데 각각의 부품은 또 그 자체로 더 작은 부품들의 연결로 이루어져 있고, 또 그 부품들은 더 작은 부품들로 이루어져 있고…)를 이루고 있기 때문에 부품 하나가 고장 나면 연결된 다른 부품들도 고장 나 있을 가능성이 크다. 하루에 8시간 일하는 미캐닉이 부품 하나를 점검하는 데 10초가 걸린다는 비현실적인 가정을 하더라도, 1만 개의 부품 전부를 보는 데 3.5일이 걸린다. 부품끼리 이루고 있는 연결 조합까지 생각하면 전체를 한 번 훑어보는 데만도 한 달은 족히 넘지 않을까? 완전한 오버홀을 하려는 것이 아닌 이상 기계가 고장 날 때마다 그 시간을 다 기다려 줄 사람이 세상에 있을지 모르겠다.

처음에는 너무나 당연히 고전적인 사고만으로 충분할 것 같은 모터사이클 정비였는데, 기계의 무한한 복잡도 속에서 해결책을 찾으려면 논리적으로 설명이 불가능한 직관과 통찰로 이루어진 낭만적인 사고법이 필요하다는 것이 퍼시그의 깨달음이었다. 퍼시그는 모터사이클 정비와 마찬가지로 바로 눈앞에 있는 시급한 문제(당장 손을 봐야 할 인생이라는 배)를 해결하는 일에 비선형적이고 낭만적인 사고가 반드시 필요하고, 더 나아가 이는 진정한 가치를 찾는 토대가 된다고 보았다. 《선과 모터사이클 정비의 예술》은 제2차 세계대전 이후 사람보다 뛰어난 듯한 여러 기술이 빠르게 발전하던 시기에 공허함을 느낀 독자들의 정신세계에 새로운 가치를 채워 넣어주었고, 전 세계적으로 약 500만 부가 팔리면서 역사상 제일 널리 읽힌 철학서에 오르기도 했다.

## 마지막 르네상스인과의 인터뷰

생각해 보면 과학을 한다는 것 역시 고전과 낭만의 결합이다. 과학은 매 순간 논리적 정합성과 엄격성으로 이루어져 있을 것 같지만, 그렇지 않다는 증거는 역사에서 허다하게 찾을 수 있다. 흔히 다방면에서 탁월한 실력을 갖추었거나 업적을 남긴 사람을 르네상스인Renaissance Man이라고 부른다. 1000년 동안 유럽의 모든 것을 지배했던 교회의 도그마가 벗겨지며 건축, 기술, 미술, 생물학 등의 다양한 분야에서 뛰어난 활약을 한 다빈치와 같은 르네상스기 인물들을 기념하여 만들어진 표현일 텐데, 앙리 푸앵카레Henri Poincaré(1854~1912)는 '인류의 마지막 르네상스인'으로 불리며 그 반열에 이름을 올렸다. 푸앵카레는 그의 이름이 붙은 수많은 수학적 정리와 개념을 남겼으며, 현대 카오스 이론과 비선형 동력학의 선구자로도 유명하다. 그래서 당대에도 푸앵카레가 일하는(머리를 쓰는) 모습에 사람들이 관심을 가졌었다고 한다(19세기 말 프랑스판 '천재의 공부하는 법?'). 창의성을 연구하던 심리학자 에두아르 툴루즈Édouard Toulouse(1865~1947)는 푸앵카레를 인터뷰한 뒤 "푸앵카레가 생각하는 방식은 예술가의 그것에 가까워서 즉흥

적이고, 무의식을 헤매는 것 같고, 이성적이기보다는 꿈꾸는 것 같고, 순전한 상상력의 작업에 적합해 보였다"라고 증언했다.

현대과학의 아버지 가운데 하나인 사람에게서 순차보다는 즉흥, 의식보다는 무의식, 이성보다는 꿈, 현실보다는 상상을 보았다는 것. 그리고 모터사이클 정비를 위해서는 반드시 낭만적 사고가 필요하다는 것. 문제를 해결하는 데 논리만을 이용하려다가 세계의 복잡성으로부터 못 빠져나오고 허우적거리는 우리 생활인들 모두가 한번 생각해 볼 만하다.

* Zen and the Art of Motorcycle Maintenance는 《선과 모터사이클 관리술》(장경렬 옮김, 문학과지성사, 2010)이라는 제목으로 국내에 번역·출간되었으나, 이 글에서는 맥락을 고려하여 《선과 모터사이클 정비의 예술》로 표기했다.

# 2장 어느 새의 초상화를 그리려면

# 무한을 기록하는
# 두 손가락

## 디지털과 기록

우리에게 《서양미술사The Story of Art》라는 책으로 더 잘 알려져 있는 에른스트 H. 곰브리치Ernst H. Gombrich(1909~2001)는 사실 그보다 앞서 《곰브리치 세계사A Little History of the World》라는 어린이를 위한 역사책을 썼다. 학자의 일생에서 제일 큰 일 가운데 하나인 학위 논문 발표를 앞둔 시기에 어느 출판사에서 번역해 달라며 어린이용 역사책을 보내왔는데, 이를 읽고 "내가 더 잘 쓸 수 있겠다"라며 6주 만에 완성했다고 한다. 평소 곰브리치는 자신을 곧잘 따르는 지인의 딸에게 미술과 역사에 대해 이런저런 설명을 해주었는데, 아이들에게 이야기를 해주는 것이 그리도 즐거웠던 모양이다.

책에서 곰브리치는 역사란 우리 부모들의 이야기, 부모들의 부모들의 이야기, 부모들의 부모들의 부모들의 이야기… 이렇게 끝없이 거슬러 올라가는 것이라면서 바닥이 어디인지 모를 정도로 깊디깊은 우물을 상상해 보자고 말한다. 그 우물 속으로 불붙인 종이를 떨어뜨리면 그 불빛이 비추는 우물 안 벽의 모습을 드문드문 한 조각씩 엿볼 수 있을 것이다. 곰브리치는 그 불완전한 조각들을 모아 우리가 그려내는 우물 속의 모습, 그것이 바로 역사라고 이야기한다. 종이가 우물 깊이 멀어질수록 불빛은 희미해질 것이고, 우리에게 보이는 우물 속의 풍경은 더욱더 부정확해질 것이다. 이와 똑같은 원리로 시간이란 인류로 하여금 과거를 잊을 수밖에 없게 만드는 절대적인 힘을 갖고 있다. 하지만 결코 변하지 않는 인류의 특징을 하나 꼽자면, 인류는 자연이 인류에게 강요하는 우리 능력의 한계와 끝장을 볼 때까지 싸워왔다는 것이다. 그래서 인간은 불완전한 기억력에 대항하는 '기록'이라는 무기를 만들어 냈고, 이 무기 덕분에 인류는 끊임없이 새로운 삶의 모습으로 진보하고 있다.

## 0과 1로만 피아노를 연주하는 방법

기록에 대해 인류가 갖고 있는 특징 가운데 하나는 바로 '있는 그대로를 기록하고 싶다'는 욕망이다. 물론 있는 그대로를 기록한다는 게 도대체 무슨 뜻인지 따져봐야 하겠지만, 여기서는 그러한 욕망이 오롯이 드러나는 문화기술의 한 분야에 대해 이야기하고자 한다. 바로 '소리의 기록과 재생'이다. 대상을 아주 비슷하게 본뜨는 것을 뜻하는 '높은 수준의 충실도high fidelity'의 줄임말인 하이파이hi-fi가 일상적으로는 좋은 오디오와 같은 말로 쓰이는 것만 보아도, 우리 문명에서 특히 들리는 그대로의 소리, 즉 '원음'에 대한 욕망과 집착이 얼마나 큰지 짐작할 수 있다.

인류 최초의 녹음장치라고 하는 에디슨의 '축음기phonograph' 발명 이후 계속해서 원음이라는 꿈을 좇던 인류가 만들어 낸 최고의 성취 가운데 하나는 CD로 대변되는 디지털 음원의 등장이었다. 지금은 소리가 더 좋다면서 옛날 축음기 원리 그대로인 LP라는 아날로그 매체가 오히려 각광받는 희한한 일이 벌어지고는 있지만, 값싼 순서대로 카세트테이프, LP, CD가 공존하던 시절에는 카세트테이프처럼 기계에 말려들거나(속된 말로 "씹히거나") LP처럼 긁히고 먼지가 쌓여 사용하지 못하게 되는(속된 말로 "튀는") 일 없이 언제나 똑같은 원음을 약속하는 디지털 오디오 기반의 CD가 하이파이 세계의 왕이었다.

사진, 영상, 문서, 공연 등의 분야에서 문화기술은 인간의 열정과 창의성이라는 '양'과 컴퓨터의 냉정함과 정확성이라는 '음'이 짝을 이루어 앞으로도 계속 발전해 나갈 것이다. 그러므로 우리는 문화기술 기록의 언어인 디지털을 잘 이해할 필요가 있다. 손가락을 뜻하는 라틴어 디기투스digitus가 어원인 '디지털digital'은 손가락을 꼽으면서 눈에 보이는 물건을 하나하나 셀 수 있다는 의미에서 생겨난 말이다. 예를 들어, 내 오른손 엄지가 '산이'라는 친구, 왼손 엄지가 '윤이'라는 친구, 오른손 새끼손가락이 '하늘이'라는 친구를 뜻한다고 약속한다면 나는 이제부터 산이, 윤이, 하늘이의 이름을 부를 필요 없이 각 친구에 해당하는 손가락을 들어 올리기만 하면 된다. 손가락이 10개인 사람과 달리 컴퓨터의 손가락은 2개다. 컴퓨터의 이 두 손가락 한 쌍을 '비트bit'라고 하는데, 각 손가락은 왼손 엄지, 오른손 엄지 같은 이름 대신 '0'과 '1'이라는 숫자를 붙여 불러주고 있다. 그런데 어떻게 0과 1, 단 2개의 손가락만으로 세상에 존재하는 그 수많은 대상을 하나씩 다 표현할 수 있다는 것일까? 비트를 필요한 만큼 여러 개를 사용한다면 가능하다. 예를 들어 1비트, 즉 1개의 비트로는 2개의 대상을 구별해 가리킬 수 있고('0은 여자', '1은 남자'), 2비트로는 4개의 대상을 가리킬 수 있다('00은 할머니', '01은 할아버지', '10은 외할머니', '11은 외할아버지'). 계속해서 3비트로는 000, 001, 010, 011, 100, 101, 110, 111을 써서 8개의 대상, 4비트로는 16개의 대상… 이런 식으로 비트만 충분하다면 100만 개의 대상이든 1000만 개의 대상이든 가리킬 수 있다.

이제 디지털 음원이 음악을 기록하는 방법을 우리 주변에서 흔히 볼 수 있는 피아노를 떠올리며 한번 생각해 보자. 피아노에는 제일 낮은 A0(아주 낮은 '라')에서 제일 높은 C8(아주 높은 '도')까지 88개의 건반이 있다. 피아노가 가진 건반을 모두 표현하기 위해 필요한 비트는 몇 개일까? 6비트는 64개, 7비트는 128개

피아노는 88개의 건반이 있으므로 0과 1의 비트를 7개 사용하여 각각에 디지털 이름을 붙일 수 있다. 가장 왼쪽 건반부터 0000000, 0000001로 시작해 가장 오른쪽 건반인 1010111로 끝난다.

의 대상을 가리킬 수 있으니까 답은 7개다. 피아노의 맨 왼쪽 건반을 0000000이라고 하고 0000001, 0000010, 0000011 순으로 이름을 붙여나가면 마지막 88번째 건반은 1010111이 된다. 이제 악보의 각 음표를 그에 해당하는 건반의 디지털 이름으로 바꿔서 죽 늘어놓고 컴퓨터 파일로 저장하면, 그게 바로 디지털 음원이다. 여기에서 퀴즈. 다음의 '디지털 악보'는 무슨 노래일까?

0110000 0101111 0101100 0101111 0110000 0110000
0110000 0101111 0101111 0101111 0110000 0110000
0110000 0110000 0101111 0101100 0100010 0110000
0110000 0110000 0101111 0101111 0110000 0101111
0101100

정답은 〈떴다 떴다 비행기〉. 실제로 해당하는 건반을 찾아서 쳐본 독자가 있다면 잠시나마 디지털 코드를 해독해 음악을 재생하는 '인간 스마트폰'이 된 기분이었을 것이다. 그런데 이처럼 음만 디지털화하는 방식은 실제로 음악을 기록하기엔 부족한 점이 많다. 음악은 피아노 말고도 피리, 가야금, 사람의 목소리까지 무궁무진한 종류의 악기로 연주되고, 음의 길이와 세기가 계속 변하기 때문이다. 그러면 이런 요소들까지 다 포함해 음악을 디지털화하는 방법은 무엇일까?

## 있는 그대로의 기록을 향한 도전은 계속된다

'소리가 들린다'는 것은 과학적으로는 공기 분자가 앞뒤로 진동하면서 우리의 고막을 흔드는 현상을 말한다. 예를 들어, 고막이 1초에 440번, 즉 440헤르츠(1초에 어떤 일이 반복되는 횟수를 헤르츠ᴴᶻ라고 한다)로 흔들리면 우리는 피아노 한가운데에 있는 '라'(A4) 건반을 쳤을 때 나는 단음(한 가지 소리)으로 인식한다. 그러니까 음악은 다양한 헤르츠의 단음들이 수없이 많이 겹쳐져 매우 복잡한 모양으로 우리의 고막을 흔드는 파동이다. 이러한 음악의 파동을 온전히 디지털로, 즉 0과 1을 이용해 기록할 때 제일 흔하게 사용하는 방식은 파동의 높이를 0(소리 없음)에서부터 6만 5535(제일 큰 소리)까지 6만 5536개의 눈금을 가진 자로 측정해 1초에 4만 4100번 기록하는 것이다.

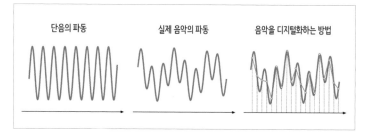

단음의 파동          실제 음악의 파동          음악을 디지털화하는 방법

균일한 단음의 파동(왼쪽)이 중첩되어 복잡한 모양의 파동인 음악이 만들어지고(가운데), 이 파동의 높이를 1초당 4만 4100번씩 측정해 디지털 비트로 저장한 것이 CD와 스트리밍에 사용되는 디지털 음원이다(오른쪽).

6만 5536은 2의 16제곱, 즉 16비트이므로 음악을 1초 동안 기록하려면 4만 4100 곱하기 16, 즉 약 70만 개의 비트가 필요하다. 그렇다면 1시간이 넘는 베토벤 9번 교향곡 〈합창〉은 약 30억 개의 비트가 필요하고, 거기에 왼쪽 귀, 오른쪽 귀에 들어가는 소리가 구분되는 스테레오로 만들려면 그 2배인 약 60억 개의 비트가 필요하다. 앞에서 소개한 〈떴다 떴다 비행기〉의 디지털 악보는 175개 비트로 돼 있는데도 눈이 어지러울 지경이었는데, 60억 개라는 엄청나게 큰 숫자의 비트를 손목의 힘만으로 날려버릴 수 있는 가볍고 작은 플라스틱 조각에 기록할 수 있게 만든 과학자들을 인류는 자랑스러워해도 될 듯하다.

물론 기술은 언제나 발전하기 마련이므로 어떤 이들은 이렇게 파동의 높이를 6만 5536개 단계로 재서 1초에 4만 4100번 기록하는 것이 벌써 40년 전에 만들어진 낡은 방법이라며 소리를 더 원음에 가깝게 들으려면 이보다 더 자주, 더 세밀하게 기록해야 한다고 말한다. 이런 사람들을 위해 일반 CD의 6~7배인 시간당 400억 비트 크기의 정보를 가진 고해상도hi-res 음원이라는 것이 이미 나와 있기도 하다. 역시 인류에게는 힘이 닿는 데까지 있는 그대로를 기록해야만 마음이 편해지는 욕망이 있는 게 분명하다. 디지털카메라의 해상도 역시 한 번도 '이 정도면 충분하다'며 발전을 멈춘 적이 없다.

물론 언제나 바라는 걸 다 누리고 살 수는 없을 것이다. 한번은 길을 가다가 무심코 고해상도 음원이 궁금해져 스트리밍으로 들어보려고 했더니 "데이터를 많이 소비할 수 있으니 와이파이로 들으세요"라는 경고가 떠서 깜짝 놀라 포기한 적이 있다. 시간당 400억 비트면 2.5기가인데, 1시간 만에 그 정도 데이터의 값을 치를 정도로 주머니가 넉넉하지는 않으니까. 하지만 지금도 세상 어딘가에서 누군가는 나의 고충을 해결해 줄 방법을 고민하고 있을 것이다. 자연이든 경제적인 이유든 하고 싶은 것을 못 하게 하는 것들과 싸우는 건 인간의 본능이니까.

# 컴퓨터가 다빈치보다
# 잘 그리는 그림
## 원근법과 계산기하학

　문화란 자연과 세계라는 캔버스 위에 그려진 사람의 삶의 흔적이라고 할 수 있다. 우리가 무언가를 표현할 때 '그린다'는 말을 비유적으로 사용하는 것에서 알 수 있듯이, 그림을 그린다는 것은 인간의 매우 원초적인 문화 행위다. 프랑스 남서부 도르도뉴 주 몽티냑이라는 도시에 있는 라스코Lascaux 동굴 벽화에는 지금으로부터 약 1만 7000년 전에 유럽 후기 구석기인 마들렌기Madeleine期 사람들이 그린 것으로 추정되는 들소, 말, 사슴 등의 모습이 있다. 우리의 선조인 그들이 그것들을 그린 까닭은 무엇일까?

　주로 사냥으로 먹고살던 사람들이므로 사냥의 풍경을 기록하려던 목적이라고 추측할 수도 있을 것이다. 하지만 그 그림 속에 사냥꾼들은 없고 크고 작은 동물들만이 뛰어다니는 모습으로 판단하건대, 먹고살기 위한 노동의 목적을 초월하여 자신들이 사는 공간을 아름답게 만들려는 예술적 욕망의 결과물로 보이기도 한다. 지금의 우리와 다른 언어, 다른 감성을 지닌 먼 옛날의 사람들이지만 집 안을 아름답게 만들고 싶어서 빈 공간에 그림 액자라도 하나 걸어두려는 마음은 우리와 같았던 것이다. 이처럼 표현 매체로서의 그림은 글자보다도 훨씬 더 긴 역사를 지녔다. 100분의 1초, 1000분의 1초 정도의 짧은 시간 동안 빛을 기록하여 우리 눈에 보이는 그대로의 모습을 간직하게 해주는 초고속 카메라가 있는 오늘날에도 옛날의 방식대로 아주 천천히 손으로 캔버스에 물감을 적시며 세상의 아름다움을 기록해 간직하고 싶어 하는 인류의 욕망은 전혀 변하지 않은 듯하다.

## 3차원의 물체를 2차원으로 옮기는 방법

과학자들은 어떠한 대상을 작은 부품·부위로 분해해서 각각의 성질을 연구한 뒤에 다시 그것들이 어떻게 합쳐지고 작동하는지 탐구하곤 한다. 대상을 분해하는 방법은 과학자가 정하는데, 사람의 몸을 연구할 때 어떤 과학자는 몸을 머리, 팔, 몸통, 다리로 나누어 보려고 하고 다른 과학자는 두뇌, 눈, 심장, 간으로 나누어 보려고 하듯 말이다. 이 글에서는 문화기술의 관점에서 그림을 이해하기 위해 그림을 이루는 여러 가지 요소 가운데에서도 특히 사실성寫實性을 극대화하는 원근법perspective이라는 오랜 역사를 지닌 기법과, 여기에서 더 발전해 나와 세상에 존재하지 않는 상상의 것까지 사실성 있게 그리게 해주는('존재하지 않는' 것을 '사실성 있게' 그린다는 표현이 모순으로 읽힐 수도 있겠지만) 계산기하학computational geometry을 소개하고자 한다.

사실주의 회화, 더 나아가 극사실주의 회화라는 것이 있다. 구글에 "hyperrealistic painting"이라고 검색해 보면 나오는, 그림인지 사진인지 얼핏 봐서는 판단할 수 없을 정도로 눈앞의 세상을 실제로 보는 것처럼 그린 그림들을 가리키는 말이다. 이처럼 사실적인 그림을 그리려면 우리가 살고 있는 물리적 공간에서 물체의 위치를 나타내는 3차원, 즉 왼쪽·오른쪽, 위·아래, 앞·뒤보다 한 차원이 적은, 왼쪽·오른쪽, 위·아래만 존재하는 2차원 캔버스에 물체를 그릴 수 있어야 한다. 이것을 가능케 한 것이 바로 르네상스기의 최대 업적 가운데 하나인 원근법의 발명이다. 피렌체 성당의 두오모(돔)를 설계한 필리포 브루넬레스키Filippo Brunelleschi(1337~1446), 우리에게 너무나도 유명한 레오나르도 다빈치(1452~1519), 그리고 독일의 알브레히트 뒤러Albrecht Durer(1472~1528) 등의 르네상스 대가들이 바로 이 원근법을 발명하고 발전시킨 대표적인 인물들이다.

르네상스 중기의 원근법을 엿볼 수 있는 예로는 다빈치의 〈수태고지Annunciation〉가 있다. 갈릴리 지방의 마을 나사렛에서 어린 동정녀 마리아에게 천사 가브리엘이 나타나 "너는 곧 성령으

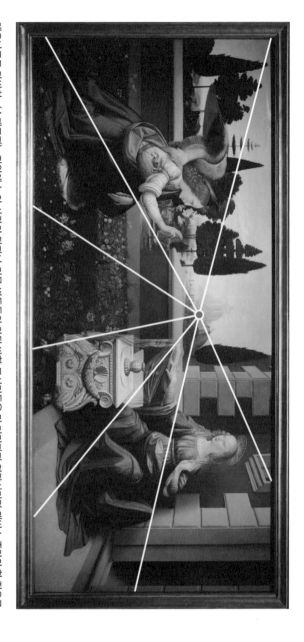

레오나르도 다빈치, 〈수태고지〉. 정원에 놓인 사각의 탁자나 건물 벽돌들의 윗부 방향 모서리들을 먼 거리까지 연장시키면 캔버스 중앙의 한 점으로 수렴한다는 사실을 알 수 있다.

로 아이를 잉태하게 될 것이다"라고 말해주는 (유럽의 역사와 문화를 지배해 온 기독교에서 큰 중요성을 지닌) 장면을 그린 작품이다. 이 작품의 종교적 의미는 잠시 잊고, 문화기술적 분석 대상으로서의 특징에만 집중해 보자. 가브리엘과 마리아가 만나고 있는 정원에 놓인 사각의 탁자나 건물 벽돌들의 앞뒤 방향 모서리들을 먼 거리까지 연장시키면 캔버스 중앙의 '소실점'이라는 한 점으로 수렴한다는 사실을 알 수 있다. 이처럼 소실점을 활용해 3차원의 물체들을 2차원에 그리면 직접 눈으로 보는 듯한 실감을 재현할 수 있다는 것이 르네상스 원근법의 핵심이다.

그런데 다빈치의 〈수태고지〉를 조금 더 자세히 들여다보면, 모든 사각형의 모서리가 앞뒤 방향으로 반듯하게 놓여 있음을 알 수 있다. 수태고지 장면을 기술한 신약성서 누가복음에 자세한 관련 내용은 없지만, 일상의 경험에 비추어 볼 때 모든 것이 평행하게 놓여 있는 것은 매우 작위적인 설정이라고 생각하지 않을 수 없다. 고대 나사렛 사람들에게 실내외를 막론하고 물건을 반듯하게 정돈하는 편집증이 있었던 것은 아닐 테니 말이다. 평행한 선들이 하나의 점에 모이는 원근법의 기본 원리를 깨닫고 신이 났던 다빈치가 자신의 원근법 실력을 뽐내려 했었다는 게 더 합리적 추론일 것이다.

기본적인 입체감을 재현하는 원근법을 발명했더라도, 사실적인 그림을 그리려면 아직 갈 길이 멀었다는 사실을 당대의 대가

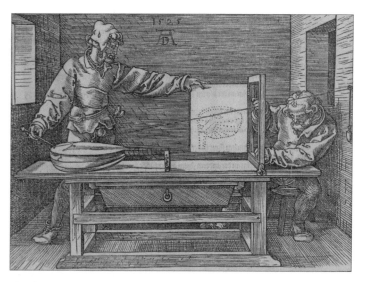

알브레히트 뒤러는 임의의 모양을 원근법에 맞게 그릴 수 있는 '원근법 기기'를 그림으로 남겼다.

들도 고민했음은 분명해 보인다. 인류 역사상 최고의 천재라고 칭송받는 다빈치조차 원근법을 사용하기 위해 작위적인 설정을 동원했을 정도니 말이다. 그 문제의 해결법을 제시한 것은 후기 르네상스 시대에 활약한 알브레히트 뒤러의 '원근법 기기'였다. 뒤러는 곡선에도 원근법을 적용할 수 있게 하는 원근법 기기의 사용법을 그림으로 자세하게 남겼다. 예를 들어, 만돌린처럼 둥글게 생긴 악기를 그린다면 악기의 가장자리 몇 군데와 화가의 눈 사이를 팽팽한 실로 이어 화가가 그 실들이 캔버스와 교차하는 지점을 따라 그릴 수 있도록 하는 원리였다. 그러나 다빈치가 〈수태고지〉를 완성했던 1472~1775년경 뒤러는 아직 갓난아기였으므로 다빈치는 그 기계를 써볼 기회가 없었다.

## 수십만 장의 그림을 '계산'하다

자, 그로부터 500년도 더 지난 지금 우리의 기술은 어디까지 진보했을까? 만약에 오늘날까지도 모든 것이 직각으로 정돈된 풍경이나 뒤러의 원근법 기기 위에 올려놓을 만한 크기 정도의 물체에 대해서만 원근법에 입각한 사실적인 그림을 그릴 수 있다면 어땠을까? 역사에서 '무엇이 있었다면(또는 없었다면)' 하는 가정처럼 어리석은 것이 없다고는 하지만, 한 가지 확실하게 말할 수 있는 것은 마블 시네마틱 유니버스(MCU)의 〈아이언맨〉 시리즈나 거대한 변신 로봇들이 등장하는 〈트랜스포머〉 시리즈 같은 영화는 만들 수 없었을 것이라는 점이다.

〈트랜스포머〉에 나오는 귀염둥이 오토봇 '범블비'를 한번 떠올려 보자. 범블비는 길이가 5미터 정도 되는 쉐보레 카마로라는 미국의 머슬카가 변신하는 로봇이므로, 뒤러의 원근법 기기 위에 올릴 수는 없는 크기다. 또 여러 방향으로 뻗어나가는 수많은 직선과 곡선이 어우러진 복잡한 모양이므로, 〈수태고지〉처럼 단순한 원근법으로 그리는 것은 더더욱 불가능하다. 게다가 범블비가 변신하고 뛰어다니는 장면을 구현하려면 1초에 수십 장에 달하는 그림(프레임)을 이어서 보여줘야 한다. 영화를 만들려면 한 장도 그리기 어려운 그림을 수십만 장이나 그려야 하는 것이다.

이 정도로 많은 그림을 일일이 손으로 그리는 것은 불가능하므로 컴퓨터의 힘을 빌려야 한다. 물론 한 장, 한 장 장인의 손으로 탄생시킨 (내가 제일 좋아하는) 스튜디오 지브리의 애니메이션 〈붉은 돼지紅の豚〉(1992) 같은 작품은 정말 아름답지만, 사실성을 우선시하는 작품이라면 컴퓨터그래픽으로 만들어지지 않은 경우를 더 이상 찾아보기 어렵다. '계산해 주는 심부름꾼'이라는 뜻의 컴퓨터를 이용해 그림을 그리려면 3차원 물체의 모양과 위치를 나타내는 세 가지 숫자(이것들을 '좌표'라고 한다)를 원근법에 맞는 두 가지 숫자로 변환하는 계산법을 알아야 하는데, 이때 필요한 것이 바로 계산기하학이다.

과학에서 물체의 모양을 수치적으로 연구하는 학문을 기하학이라고 한다. 중고등학교 수학 시간에 배우듯 삼각형과 같은 다각형을 연필, 자, 각도계 등과 같은 기구를 써서 성질을 따져보는 고전기하학과 달리, 계산기하학에서는 공간 속 물체의 좌푯값을 수많은 계산을 통해 알아낸다. 그러므로 계산기하학의 탄생이 그림에 끼친 영향은 원근법의 발명에 준한다고 할 수 있다. 이처럼 '모양의 문제'를 '숫자의 문제'로 바꿔놓은 좌표계라는 것을 만들어낸 사람은 우리에게 "나는 생각한다. 고로 존재한다(cogito ergo sum)"라는 말로 유명한 프랑스의 철학자이자 수학자 르네 데카르트Rene Decartes(1596-1650)다.

원점이라고 부르는 일종의 기준점으로부터 서로 직각을 이루는 세 방향의 축을 따라 잰 거리의 세 가지 숫자로 공간 속 모든 위치를 기록할 수 있는 데카르트 좌표계를 사용하면, 간단한 변환식 몇 가지만으로 아무리 복잡한 모양이더라도 컴퓨터 화면에 자유롭게 그려낼 수 있다. 1만 7000년 전 라스코 벽화에서 시작하여 다빈치의 〈수태고지〉를 거쳐 〈트랜스포머〉 속 범블비의 액션 신까지 끊임없이 발전해 온 그림과 기술의 역사. 그림의 본질이 아름다움을 욕망하는 인간의 감성과 지성의 결합이라는 점은 구석기의 인간에서 시작해, 현재의 우리를 거쳐, 미래의 후손들에게까지 변함없이 이어질 것이다.

# 부분이 전체를 닮은
# 1.58차원의 존재들
## 프랙털과 자연

우리는 자연과 하나인가, 아니면 자연에 대항해 끊임없이 생존할 방법을 찾아내야 하는 타자인가? 어떻게 생각하든 우리의 몸뚱이는 광활한 우주에 퍼져 있는 전체 물질에서 아주 작은 일부에 지나지 않는 적은 수의 원자들로 이뤄져 작디작은 공간만을 차지하고 있다. 고대 그리스 철학자 아르키메데스가 깨달았듯, 가득 채운 욕조에 알몸으로 들어갔을 때 흘러넘치는 물의 부피만큼. '공간'이란 이렇게 우리가 일정 부분 차지하고 있으면서 동시에 우리를 움직일 수 있게 해주는 물리적 존재의 근원적 틀이라고 할 수 있다. 과학사를 다루는 책에 단골처럼 등장하는 뉴턴과 아인슈타인 모두 이러한 공간(그리고 공간의 영원한 동반자인 시간)에 대한 우리의 이해를 넓혀준 사람들이다.

## 차원과 차원 사이에 있는 도형

공간에 대해, 그리고 프랙털fractal이라는 기묘한 도형에 대해 이야기해 보자. 공간의 특성을 나타내는 숫자 가운데 하나가 '차원'이다. 차원이란 공간 속 물체의 위치를 나타내는 데 필요한 숫자의 개수를 말하는데, 그것이 하나라면 1차원(예를 들어, 서울에서 부산으로 KTX를 타고 간다면 서울역부터 부산역까지의 거리)이 되고, 둘이라면 2차원(지도상의 위도와 경도), 셋이라면 3차원(예를 들어, 비행하는 드론의 위치를 나타내려면 위도, 경도에 더해 높이가 필요하다)이 된다.

차원은 '그 공간을 차지하고 있는 닮은꼴 도형(크기는 다르지만 모양은 같은 도형)들 사이에서 둘레 대비 체적(부피volume)의 관계'라고 정의할 수도 있다. 먼저, 1차원인 직선 공간에서 선분의 체적은 그 길이 자체를 뜻하므로 길이가 2배인 선분은 체적도 2배가 된다. 2차원 공간에서 정사각형의 체적은 그 면적을 뜻하므로 둘레가 2배인 정사각형의 면적은 2의 제곱($2^2$)인 4배가 된다. 또한 3차원 공간에서 정육면체의 체적은 부피를 뜻하므로 둘레가 2배인 정육면체의 체적은 2의 세제곱($2^3$)인 8배가 된다. 다시 말해, 한 도형이 차지하는 공간의 차원을 $d$(차원을 뜻하는 'dimension'의 약자)라고 할 때, 닮은꼴 도형들의 둘레와 체적은 (체적의 비율)=(둘레의 비율)$^d$이라는 관계를 이룬다.

다음과 같은 도형을 한번 생각해 보자. 정삼각형에서 각 변의 가운데 지점을 이어 만들어지는 가운데 있는 삼각형을 지운다. 그

시에르핀스키 개스킷 1개는 그와 닮은꼴이면서 둘레가 절반인 시에르핀스키 개스킷 3개로 이루어져 있다.

다음 남아 있는 3개의 삼각형에서 각각의 가운데 있는 삼각형을 지운다. 이와 같은 작업을 무한히 반복해 만들어지는 도형은 지워낸 삼각형들로 곳곳이 송송 비어 있는 꽤나 앙상한 모양이 된다. 이 도형에는 실린더의 이음매를 메워주는 '개스킷'처럼 생겼다고 하여 시에르핀스키 개스킷Sierpinski gasket이라는 이름이 붙었다. '시에르핀스키'는 이 도형을 고안한 폴란드 수학자 바츠와프 시에르핀스키Wacław Sierpinski(1882~1969)의 이름에서 따온 것이다.

 이 시에르핀스키 개스킷을 다시 한번 자세히 들여다보면, 시에르핀스키 개스킷 하나는 그와 닮은꼴이면서 둘레가 절반인 시에르핀스키 개스킷 3개로 이루어져 있음을 알 수 있다(가운데는 비어 있으니까). 즉, 둘레 비율이 2인 닮은꼴 시에르핀스키 개스킷들의 체적 비율은 3이 된다. 그렇다면 앞서 언급한 관계식에서 이 도형의 차원은 $3=2^d$로 나타나는데, 이를 만족하는 $d$는 1도, 2도 아닌 $\log_2 3 = 1.58$이라는 기묘한 값이다. 다시 말해, 시에르핀스키 개스킷은 1차원(선)도 아니고 2차원(꽉 찬 평면도형)도 아닌 그 사이의 공간을 차지하는 도형인 것이다. 시에르핀스키 개스킷처럼 차원이 정수가 아니라 분수fraction(실제로는 무리수)인 도형들을 바로 프랙털이라고 부른다. 프랙털의 제일 큰 특징은 '부분이 전체를 닮았음'을 뜻하는 자기유사성self-similarity이다. 시에르핀스키 개스킷에서 확인할 수 있듯, 프랙털은 작은 닮은꼴 도형들이 모여 큰 닮음꼴 도형을 이룬다.

## 에펠탑과 인체의 공통점

1.58이라는 기묘한 차원을 지닌 이 도형들이 허튼 상상을 하기 좋아하는 수학자의 머릿속이 아니라 실제 세계에서도 존재할까? 사실 역사적으로 이러한 프랙털 구조는 시에르핀스키 이전에 이미 건축에서 사용되고 있었다. 그 대표적인 예가 프랑스 파리에 있는 에펠탑이다. 토목공학자 귀스타브 에펠Gustave Eiffel(1832~1923)이 설계해 1889년 완공된 에펠탑은 작은 트러스truss들이 모여 더 큰 트러스를 이루는 프랙털 구조를 통해 충분한 강직도를 확보하면서도 들보를 사용하는 구조물보다 훨씬 가볍게 지어졌다. 에펠은 프랙털의 특징인 자기유사성을 활용한 이러한 구조가 매우 가볍고 강직하다는 사실을 잘 알고 있던 것으로 보인다.

인류가 자기유사성을 지닌 구조의 특징을 언제 정확히 알게 됐는지 밝힐 수는 없지만, 아마도 '자연' 하면 대표적으로 떠올리는 나뭇가지가 뻗어 있는 모양에서 착안하지 않았을까 싶다. 눈을

에펠탑의 구조를 확대한 사진. 트러스 안에 트러스가 있는 에펠탑의 구조는 프랙털의 특징인 자기유사성을 보여준다. ⓒ박주용

감고 하늘을 가릴 만큼 크고 울창하게 자란 나무를 그 아래에서 올려다본다고 상상해 보자. 나무는 곧게 뻗은 가운데 줄기에서 가지들이 Y자 모양으로 갈라져 나오고, 다시 그 가지로부터 또 Y자로 작은 가지가 계속 갈라져 나오는 자기유사성을 보인다. 나무도 에펠탑처럼 이러한 프랙털 구조 덕분에 중력을 쉽게 이겨내고 높이 서 있을 수 있는 것이다.

어릴 때 높은 곳에서 놀다가 떨어져 본 적이 있다면 중력이 얼마나 강력한 힘인지 알 것이다. 높이가 무려 300미터나 되는 에펠탑, 10여 미터인 나무는 고사하고 허리 높이 정도 되는 자전거에서만 떨어져도 큰 부상을 입게 되는 것이 중력이니 말이다. 사실 나무뿐 아니라 우리의 몸이 엄청난 중력을 이겨내고 꼿꼿이 서 있을 수 있는 것도 프랙털 구조 덕분이다. 우리 몸의 대표적 프랙털 구조는 세포, 근육, 장기 등에 피를 공급하는 핏줄계다. 심장으로부터 시작되는 굵고 두꺼운 동맥에서 순차적으로 조금 더 가늘고 얇은 핏줄이 계속해서 갈라져 나오는 프랙털 구조를 통해 핏줄계는 에펠탑의 다층적인 트러스처럼 그 자체로는 아주 작은 공간을 차지하면서도 몸 전체에서 닿지 않는 곳이 없이 연결되어 있다. 이를 보면, 인간의 몸도 결국 자연의 원리대로 만들어졌음을 실감하게 된다.

## 자연의 아름다움을 흉내 내다

늠름하게 서 있는 나무와 높은 에펠탑을 올려다보면서 자연과 인간 기술의 아름다움에 감탄하는 사람이라면(또는 그 반대의 사람도 있다. 한 나이 든 파리지앵 신사가 매일같이 점심 식사를 에펠탑 아래에 있는 카페에서 하는 것을 보고 종업원이 "에펠탑을 정말 사랑하시는가 봅니다"라고 했더니 "뭐라고? 파리에서 이 빌어먹을 에펠탑이 안 보이는 데가 여기밖에 없단 말이야!"라고 했다는 이야기가 있다) 이 묘한 아름다움을 지닌 프랙털 구조가 왜, 어떻게 생겨났는지 궁금해질 수밖에 없다. 아주 실용적인 측면에서 보자면 '적은 물질로 부피를 극대화하는' 프랙털의 성질은 자연이라는, 제한된 자원으로 살아남아야 하는 적자생존의 장에서 아주 큰 이점을 부여했을 것이다. 하지만 프랙털과 같은 기묘한 구조를 냉혹한 경쟁과 도태, 그리고 최적화의 관점으로만 이해하는 것이 우리가 과학으로 할 수 있는 일의 전부라면 참으로 아쉽다는 생각이 들지 않겠는가?

비록 과학이 아름다움이나 창의성처럼 쉽게 수치화할 수 없는 가치들을 연구하는 데 아직 충분한 발전을 이루진 못하였으나, 자연에서 인간이 느끼는 아름다움을 과학을 통해 더 잘 이해하거나 새롭게 표현하려는 시도는 계속되어 왔다. 나에게도 자연의 아름다움에 대해 통찰하게 해준 재미있는 경험이 하나 있다. 그 일은 10년도 더 지난 어느 날 평소 알고 지내던 건축가로부터 전화 한 통을 받으며 시작되었다. 그는 제주도를 상징하는 과학적 작품을 하나 만들어 보자고 제안했다. 그 제안을 받아들인 뒤 건축가, 예술가와 한 팀이 되어 제주도 구석구석을 탐험하고 다니던 중에 현무암들이 내 눈길을 사로잡았다. 현무암은 적은 실리카(이산화규소$SiO_2$) 함량으로 인해 점성이 낮은 용암이 화산에서 분출된 후 비교적 멀리까지 흘러가 굳으며 만들어진 돌인데, 그 과정에서 용암에 녹이 있던 수증기나 이산화탄소가 기화하며 내부에 빈 기포 모양이 남는다. 현무암에 난 구멍들은 시간이 흐르며 물이나 바람의 풍화작용으로 표면이 깎여 그 안의 기포 모양들을 눈으로 볼 수 있게 된 것이다. 제주도에는 이렇게 다양한 크기의 구멍이 송송 난 현무암들이 곳곳에 자리 잡고 있었다.

나는 현무암을 보고 시에르핀스키 개스킷을 떠올렸고, 그 원리에 입각해 현무암처럼 생긴 상징물을 만들기로 했다. 그러나 현무암 표면의 구멍들은 시에르핀스키 개스킷처럼 수학적 규칙을 정밀하게 따르기보다는 수많은 분자의 움직임을 결정하는 우연성을 바탕으로 크기와 위치가 결정된다. 그래서 우리는 구멍의 반지름과 위치를 컴퓨터에서 난수로 발생시키는 방법으로 자연스러운 현무암 표면을 흉내 낸 상징물을 디자인하기로 했다.

몇 달에 걸친 기획, 그리고 며칠 밤의 코딩을 통해 만든 이 알고리즘이 컴퓨터 화면에 수백 가지의 디자인을 그려주었고, 그중 마음에 드는 것을 골라 상징물의 최종 디자인을 확정했다. 우리는 넉넉지 않은 예산으로 제작 일정을 맞춰야 하는 현실적인 문제에

〈팡도라네〉. 정밀한 규칙을 따르기보다는 우연성을 바탕으로 구멍의 크기와 위치를 결정해 현무암 표면과 같은 모양의 상징물을 완성했다. ⓒ박주용

부딪혔다. 제주도의 겨울바람을 맞아가며 해가 진 뒤에도 야심한 시간까지 나사를 돌려야 했다. 하지만 과학적 지식과 심미감이 어우러진 물건을 직접 만들고, 제주 올레길을 지나가던 한 관광객으로부터 "멀리서 보니까 돌멩이 같았는데 사람이 만들고 있었네"라는 말까지 들었을 때는 감히 내 손으로 자연의 일부를 빚는 조물주가 된 느낌 또한 받았다. 그렇게 탄생한 상징물에는 돌을 뜻하는 제주 말 '팡돌'을 따라 〈팡도라네〉라는 이름을 붙였다.

그로부터 약 5년의 시간이 지난 어느 날, 제주도의 매서운 짠바람을 더 이상 버티지 못하고 녹이 슨 〈팡도라네〉를 철거해야 할 것 같다는 연락을 받았다. 별다른 수가 없어 알겠다는 한마디로 그 녀석과의 이별을 고했지만, 자연의 아름다움을 과학을 통해 내 손으로 표현해 내고, 짧은 기간이나마 그 녀석이 자연 속에서 한 자리를 차지하게 해주었던 경험은 매일같이 창의성과 아름다움의 과학을 고민하는 나의 머릿속에서 여전히 큰 자리를 차지하고 있다. 실제 부피는 작아도 그보다 훨씬 큰 공간을 가득 채우는 프랙털 구조처럼.

# 암흑의 시대에
# 빛의 그림을 꿈꾸다
## 페르메이르와 혁신

바로크Baroque(혹은 바로크양식)는 16세기 말부터 18세기 중반까지 유럽에서 유행한 건축, 음악, 춤, 그림, 조각, 문학의 스타일을 의미한다. 특히 절제, 금욕, 간결함 등을 강조했던 개신교(신교) 미술에 대항하기 위해 가톨릭(구교)에서 지원해 주던 바로크 미술은 밝음과 어둠의 강한 대조, 역동적인 움직임, 풍부한 세부 묘사, 깊은 색감으로 경외로움을 불러일으키는 효과 등이 두드러진다.

유럽을 무려 1000년 넘게 '암흑기'라고 불리는 문화적 정체기에 머물게 했던 가톨릭 신정神政은 그 당시 밖으로는 '모든 것의 척도는 인간'임을 선언한 인본주의의 재탄생을 뜻하는 르네상스 운동에 의해, 안으로는 '믿음으로만'을 외치며 구교의 허례를 고발하는 개신교 운동에 의해 오랜 기간 지켜온 절대적 지위를 급

격히 잃어가고 있었다. 이 흐름을 막아보고자 가톨릭교회에서 주도한 문화적 움직임이 바로크라는 사실을 고려할 때, 아마도 많은 사람이 바로크를 진보보다는 후퇴, 창의보다는 답습의 모습으로 짐작할 것이다. 하지만 정말 그럴까?

## 바로크의 대가가 암실에 들어간 까닭

요하네스 페르메이르Johannes Vermeer (1632~1675)는 렘브란트 (1606~1669)와 함께 네덜란드 황금기로 불리는 시대에 활동한 위대한 바로크 화가로 꼽힌다. 페르메이르는 바로크 시대답게 빛의 효과를 아주 풍부하고 세밀하게 그려냈던 것으로 유명하다. 비록 본인은 풍요롭게 살아보지 못하고 요절했지만, 그림을 위해서라면 아주 비싼 물감을 쓰기도 했다. 페르메이르의 미술을 보면 바로크 예술이 과거로의 회귀만을 뜻하지는 않았음을 알 수 있다. 오히려 과학과 예술을 결합해 새로운 문화의 탄생을 이끈 혁신의 상징으로 볼 수도 있을 것이다.

페르메이르의 작품 〈레이스 뜨는 여인〉(1669)을 살펴보자. 이 작품은 페르메이르 그림의 특징인 아주 자세한 묘사를 통한 현실감이 두드러진다. 특히 여인의 손과 얼굴을 기준으로 화가의 눈에서 먼 부분이 뿌옇게 그려져 마치 현대의 카메라로 찍은 사진처럼 보인다는 점은 예술사 전문가나 나 같은 과학·문화 전문가의 관심을 끈다. 혹시 페르메이르가 진짜로 사진가였던 것은 아닐까?

요하네스 페르메이르, 〈레이스를 뜨는 여인〉. 여인의 손과 얼굴을 기준으로 화가의 눈에서 먼 부분이 뿌옇게 그려져 마치 현대의 카메라로 찍은 사진처럼 보인다.

카메라는 눈에 보이는 장면을 순간적으로 기록해 낸다. 센서에 닿는 빛을 디지털 정보의 형태로 저장하는 방식인 디지털카메라가 현재 제일 많이 사용되고 있고, 필름이라는 셀로판 재질 위에 빛이 닿을 때 생기는 화학 반응을 기록하는 방식인 필름카메라도 여전히 명맥을 유지하고 있다. 물론 페르메이르의 시대에는 아직 빛을 전자적으로든 화학적으로든 기록할 방법이 없었다. 하지만 '암실暗室'(어두운 방)을 뜻하는 '카메라 오브스쿠라camera obscura'라는 장치를 사용하는 사람들은 적지 않았다고 한다. 카메라 오브스쿠라는 빛이 새어 들어오지 않게 잘 밀봉된 상자 한쪽 면에 낸 바늘구멍을 통해 들어온 바깥 풍경의 상像이 상자의 반대편 면에 맺히는 장비를 말한다. 초등학교 과학 시간에 만들어 봤을 '바늘구멍 사진기'가 이것의 일종이다.

빛을 기록하는 방법이 고안되기 전인 페르메이르의 시대에는 사람이 직접 벽면에 맺힌 상을 종이에 겹쳐 그리는 '트레이싱tracing'을 하는 수밖에 없었을 것이다. 그래서 사람들은 페르메이르가 사용했던 바늘구멍 사진기가 작은 상자가 아니라 사람이 실제로 들어갈 수 있는 말 그대로의 '어두운 방'이었을 것이라고 추측하기도 한다. 이와 관련된 역사를 조사하다 보니, '빛은 빨주노초파남보의 일곱 가지 색으로 나뉜다'는 것을(물론 나중에 빨강과 보라 사이에는 무한한 색이 존재한다는 사실이 밝혀졌지만) 뉴턴이 암실에 들어가 그 유명한 무지개 실험을 통해 발견했던 때가 페르메이르와 완전한 동시대였음을 알게 되었다. 이를 보면 빛의 성질을 알아내려는 과학자의 열정과 세상을 아름답게 그리려는 화가의 꿈이 교차하며 '빛의 그림'이라는 새로운 예술을 탄생시킨 것은 숙명이었던 듯하다. 이 새로운 예술의 이름은 희랍어에서 '빛'을 뜻하는 포토스φωτός(phōtós), '그림'을 뜻하는 그라페γραφή(graphé)를 합친 포토그래피, 즉 '사진'이 된다.

## 진주 귀걸이를 한 소녀를 만나다

다시 페르메이르의 작품으로 돌아가자. 일생에 50점이 채 되지 않는 그림을 완성했고, 현재 34점만 남아 있는 과작寡作의 거장이지만 그의 그림은 지금까지도 사랑받으며 많은 이들에게 영감을 주고 있다. 잘 알려진 작품 가운데 하나로 1665년작 〈진주 귀걸이를 한 소녀〉가 있다. 〈진주 귀걸이를 한 소녀〉는 레오나르도 다빈치의 〈모나리자〉와 함께 서양 회화사에서 제일 신비로운 여성의 얼굴을 담고 있다고 회자된다. 기품 있는 모나리자가 짓고 있는, 그 뜻을 알 듯 말 듯한 미소로 인해 그녀의 정체에 대한 수많은 가설이 제기되어 왔듯(심지어 다빈치 스스로가 여장을 했다는 이야기도 있다), 당시 유럽인들에게 매우 이국적인 분위기를 풍겼을 아랍식 터번을 머리에 두르고 어깨를 살짝 돌린 채 무언가 말을 하려는 듯 살포시 입술을 벌리고 있는 이 소녀가 누구인지를 두고 상상의 날개를 펼쳤던 사람이 아마 한둘은 아니었을 것이다.

물론 이 소녀가 누구였는지, 무슨 행동을 하려고 했던 것인지, 이 그림의 배경은 어디인지 명확한 정답은 없다. 아니, 있을 수가 없다. 페르메이르는 이 소녀가 누구인지에 대한 어떠한 단서도 남기지 않았고, 설령 그런 것이 있다고 하더라도 '그림으로만 말하는' 화가의 작품에서 무엇을 느낄 것인지는 오롯이 감상자의 몫이기 때문이다. 페르메이르는 그림을 남겼고, 우리는 그것을 마음껏 해석할 자유를 얻은 것이다.

"1665년, 세계 최대의 무역 국가가 되어 풍요로운 네덜란드 공화국의 황금기. 델프트의 거리는 오늘도 외국의 진귀한 물건들을 구경하려는 사람들로 북적이고 있다. 분주한 시장 길을 조심조심 걸어가던 남자의 눈에 외국의 것 같은 처음 보는 장식을 머리에 한 소녀의 뒷모습이 들어온다. 누구일까? 요즘 활발해진 교역 덕분에 델프트에서도 흔히 볼 수 있는 아랍 상인이 함께 데려온 가족일까? 인파 사이로 소녀가 사라져 버리면 다시는 볼 수 없을 것 같다는 불안감에, 남자는 서둘러 소녀를 향해 달려가 어깨를 두드려 말을 건네본다. 왼쪽으로 고개를 돌린 소녀와 남자의 눈이 마주친다. 귀에 달린 조약돌만 한 귀걸이에 등지고 선 해가 반사되며 반짝이고, 소녀는 처음 보는 남자의 인사말에 조금은 놀란 듯하지만 곧 불편함이나 경계심이 많이 누그러진 편안한 눈빛으로 입을 열어 그에게 말을 건네기 시작한다." 이런 식으로 말이다. 그 남자의 눈에 가득 들어와 버린 소녀가 건네려던 말은 무엇

요하네스 페르메이르, 〈진주 귀걸이를 한 소녀〉. 이국적인 옷차림과 그윽한 눈길, 무언가 말하려는 듯 입술을 살짝 벌린 소녀의 표정으로 많은 사람들의 상상력을 자극한 이 작품은 레오나르도 다빈치의 〈모나리자〉와 함께 서양 회화사에서 제일 신비로운 여성의 얼굴을 담고 있다고 회자된다.

이었을까? 이렇게 한 예술작품은 '자유로운 해석가'가 된 관람자의 마음에 이야기로 새겨진다.

나도 〈진주 귀걸이를 한 소녀〉의 실물을 본 적이 있다. 이탈리아의 볼로냐라는 도시를 학회 참석차 방문 중이었는데, 우연히도 그 작품이 그곳 미술관에서 전시되고 있다는 것이었다. 소식을 듣고 그림을 보러 가겠다는 나에게, 먼저 보고 온 동료가 말해주었다. "네가 어디에 서 있든 그 소녀의 눈이 너를 따라올 거야." 그 말까지 듣고 찾아간 미술관에서는, 아주 귀한 작품이어서 그런지 〈진주 귀걸이를 한 소녀〉를 특별히 어두운 방에서 단독으로 전시하고 있었다. '어두운 방? 카메라 오브스쿠라?' 암실에서 트레이싱하던 페르메이르의 기분을 느껴보라는 것은 아닐까 싶기도 했다. 동료의 말처럼 여러 각도에서 감상하기 위해 방 안에서 분주히 움직이던 나에게서 그 소녀의 눈길은 한순간도 떠난 적이 없었다. 그 소녀의 눈은, 한번 만난 사람의 마음속에서 영원히 떠나지 않는 마법을 부렸다.

## 페르메이르가 보았던 빛의 그림

가톨릭교회의 신정이 1000년 넘게 이어진 중세를 거리낌 없이 '암흑기'라고 부르는 데에서 짐작할 수 있듯, 현대 유럽인들은 이 암흑기를 끝내버린 르네상스기를 자기들 문명의 꽃이라고 말하며 자랑스러워한다. 이 시기에 그려진 미켈란젤로의 바티칸 시스티나 성당 천장화 속 신과 아담의 손가락이 맞닿는 장면은 인류 탄생의 순간을 상징하게 되었다. '르네상스' 하면 바로 떠오르는 이름인 다빈치는 흔히 인류 최고의 박식가polymath로 여겨진다. 독일의 학교에서는 학생들에게 후기 르네상스기의 대표적인 독일 화가인 알브레히트 뒤러의 업적을 교육하며 현대 독일 문명의 원류를 그에게서 찾는다.

페르메이르는 다빈치나 뒤러처럼 많은 작품을 남기지도 않았고, 1000년의 역사를 뒤바꾸는 거대한 문화운동의 중심적인 인물도 아니었다. 그가 한 일이라면, 카메라 오브스쿠라를 통했을 때만 볼 수 있는 자연의 새로운 모습들을 그림으로 표현하는 '창의적인 혁신'을 포기하지 않은 것뿐이다. 그도 몸뚱이를 가진 한 인간이었기에 비싼 물감을 마음껏 쓰면서도 굶주리지 않는 삶을 원했을 터이지만, 페르메이르는 같은 시대를 산 사람들에게 크게 인정받지 못한 채 가난 속에서 43년이라는 길지 않은 삶을 살았다. 그 이름은 오랫동안 인류의 기억 속에서 잊혔었고, 열정을 바친 작품들이 가브리엘 메취Gabriël Metsu(1629~1667)나 프란스 판 미리스Frans van Mieris(1635~1681)의 것으로 오인되는 수모도 당했다.

하지만 페르메이르의 눈길과 손길이 빚어낸 작품들은 인류의 기억 속에 영원히 묻혀 있지 않았다. 페르메이르 사후 200년이 지나 프랑스의 루이 다게르Louis Daguerre(1787~1851)는 은도금을 한 동판에 수은 증기를 뿌려 빛의 그림, 즉 사진을 영구적으로 보존하는 인류 최초의 사진 현상 기술을 발명한다. 화가들이 카메라 오브스쿠라를 통해 보던 세상의 모습들을 모든 사람이 볼 수 있게 된 것이다. 200년 전 페르메이르가 보았던 바로 그 모습들을.

기독교의 본질을 둘러싼 구교와 신교 간의 갈등, 가톨릭 신정과 인본주의 간에 벌어진 진리의 쟁탈전 속에서도 인간의 창의성은 혁신을 멈추지 않았다. 그것이 언제 어떤 열매를 맺고 우리를 한 단계 진보하게 할지는 누구도 알 수 없지만, 혁신의 눈동자는 우리의 일상에서 한순간도 시선을 떼지 않는다.

# 사람들을 지배하는 AI를
# 지배하는 인간

## AI와 창작

SF 작가 프랭크 허버트Frank Herbert(1920~1986)는 1957년 미국 북서부의 오리건 사구Oregon Dunes를 찾아갔다가 본인의 표현에 따르면 "도시, 호수, 강, 그리고 고속도로를 한입에 삼켜버릴 만한" 그 가공할 위력에 깊이 감동한다. 허버트는 그때 받은 느낌과 메시아(구세주) 개념을 핵심으로 하는 주요 종교들의 서사 속에서 사막 같은 척박한 환경이 지닌 중요한 의미를 토대로, 봉건적 사회제도와 생태환경, 첨단 과학기술과 신비주의적 의례가 엮인 영웅 서사를 구상한다. 오랜 노력 끝에 나온 결실이 바로 1965년 발간된 《듄Dune》이라는 소설이다. 그리고 이후 5편의 후속작을 엮은 '듄 유니버스the Dune universe'가 완성된다.

한 발자국만 잘못 내디뎌도 거대한 '모래벌레'에게 잡아먹히고, 물이 귀해 땀 한 방울조차 함부로 버릴 수 없을 정도로 죽음의 공포가 도사린 사막. 그곳의 수많은 사구는, 아트레이데스 가문을 멸문시키고자 아버지를 암살한 황제와 숙적 하코넨 가문의 추격을 피해 필사적으로 살아남아야 하는 힘없고 어린 주인공 폴 아트레이데스가 훗날 전 우주를 뒤흔드는 영웅으로 등극하려면 풀어야 할 인생이라는 수수께끼를 상징하며 줄곧 그를 위압한다.

소설 《듄》의 전반부를 영화화한 〈듄〉(2021)이 우리나라에서도 큰 인기를 끈 사실은 내게 매우 반가운 소식이었다. 《듄》 시리즈를 읽은 후 자연과 인간, 첨단 과학과 신비가 대립하는 투쟁을 끝끝내 승리로 이끄는 폴의 행적이 선사하는 긴박감, 그리고 행성하나를 뒤덮을 만큼 끝없이 이어지는 사막을 배경으로 펼쳐지는 거대한 스케일의 감동을 잊은 적이 없기 때문이다. 영화 〈듄〉에서 화면을 가득 채우는 사막은 소설만큼이나 주인공 폴이 생존 해법을 그려나가는 거대한 캔버스였고, 척박한 환경과의 불협화음에서 화음을 끄집어내고 기록하는 오선지로서 작품의 분위기를 잘 나타냈다. 그리고 폴은 크고 작은 스케일에서 인간이라면 누구나 마주하게 되는 생존을 위한 도전들을 극복하며 자신의 길을 닦아가는 창의적인 영웅으로 잘 표현되어 있었다.

### 타노스의 표정부터 시나리오 검증까지

장대한 서사의 영화가 줄 수 있는 감동을 떠올리며 영화를 중

영화 〈듄〉에서 화면을 가득 채우는 사막은 주인공 폴 아트레이데스가 풀어야 할 인생이라는 수수께끼를 상징한다. ⓒ박주용

심으로 '호모 크레안스Homo Creans'(창작하는 인간)의 의미에 대해 생각해 보려고 한다. 우리는 어떤 분야에서 현대의 AI 같은 신기술이 어떻게 쓰이는지 묻는 질문 앞에서 주로 그 기술의 경제성(상품성)이나 그 기술로 해결되는 특정 문제에 주목하곤 한다. 이러한 측면에서 AI는 유통, 의학, 안면 인식 등 축적된 기존 데이터를 학습하여 정해진 패턴을 찾아내는 영역에서는 실로 큰 경제적·사회적 영향을 끼치고 있으나, 인간의 창의성이 작동하는 창작 영역에서는 아직까지 그 수준의 활약을 하지 못하고 있다. 또한 영화 제작처럼 여러 단계를 거치는 복합적인 작업에서는 각 단계의 특성에 따라 AI가 활용되는 정도에서도 큰 차이가 난다.

영화 제작은 대본 선정, 자금 조달, 배우 섭외, 촬영 계획 수립 등의 프리프로덕션pre-production과 컴퓨터그래픽·애니메이션·특수효과 작업, 후시 녹음과 사운드 믹싱, 색 보정 등의 포스트프로덕션post-production으로 나뉘는데, 영화 제작의 60퍼센트 정도를 차지한다는 프리보다 포스트 과정에서 AI의 활약이 두드러진다. 마블의 〈어벤져스〉 시리즈 제작진은 빌런 '타노스'의 몸통이 배우 조시 브롤린Josh Brolin의 미세한 표정 연기와 어울리게 하기 위해 AI 기반 렌더링(그래픽 만들기) 기법을 사용했는데, 배우와 수동으로만 작업했다면 수 주일 걸렸을 일을 몇 시간 만에 해냈다고 한다.

AI는 이렇게 화면의 자동적 개량 작업에 많이 활용되는데, 영상이 얼마나 부드럽게 흘러가는지 결정하는 FPS(초당 프레임 수Frames Per Second)나 각 프레임이 얼마나 또렷한지를 결정하는 해상도를 자동으로 올려주는 기술은 각각 '데인DAIN', '어스갠ERSGAN' 등의 이름으로 불린다. 이 기술들이 사용된 영상은 온라인에서 "1906 San Francisco market video"라고 검색하면 볼 수 있다. 2016년에는 IBM에서 자사의 AI 엔진 왓슨Watson이 스스로 〈모건Morgan〉이라는 영화의 예고편을 만들었다고 발표하면서 세간의 놀라움을 자아낸 일도 있었는데, 이 일의 실상에 대해서는 뒤에서 조금 더 이야기해 볼 것이다.

이처럼 수동으로 해야 했던 작업을 AI를 활용해 고속으로 자동화시키는 데 주안점을 두는 포스트프로덕션과 달리 프리프로덕션에서 AI의 활용 목적은 '인간 주관성의 개입'을 줄여 흥행할 가능성이 높은 영화를 기획해 내는 것이다. 이를 위해 시나리오, 캐스팅, 국내외 트렌드 등 기존 영화 데이터를 기계적으로 분석하여 패턴을 찾는 데 업계의 노력이 집중되어 있다. 영화 시나리오 수만 편의 흥행 성적을 분석함으로써 새 시나리오의 영화화 가능성을 따지고, 제작 예정 영화의 평점과 관객수를 예측하는 알고리즘이 여럿 나와 있다. 하지만 인간이 창작하고, 인간이 즐기는 영화의 제작 과정에서 '주관성이 개입되지 않도록 하는' 것이 과연 올바른 방향인지 생각해 볼 필요가 있어 보인다. 주관성이라는 변수를 제거하고 과거의 데이터를 분석한 결과에만 의존한다면, 어떻게 전례 없이 새로운 작품이 나타나 영화 산업의 혁신을 일으킬 수 있을까? 또한 결국 영화를 보는 것은 사람인데 사람의 개입 없이 만들어진 영화가 감동을 줄 수 있을까?

## AI는 타르콥스키가 될 수 있을까?

사람들에게 '영화에서 가장 중요하다고 생각하는 것'을 물어본다면 절대다수가 이야기(스토리)라고 대답할 것이다. 그리고 대부분의 사람이 군더더기 없이 '앞뒤가 맞는coherent' 이야기를 좋은 것으로 친다. 과연 AI가 만들어 내는 이야기는 이 기준에서 어떻게 평가할 수 있을까? 영화제작자 오스카 샤프Oscar Sharp와 AI 연구자 로스 굿윈Ross Goodwin이 만든 '벤저민BENJAMIN'이라는 AI 알고리즘이 시나리오를 쓴 〈선스프링Sunspring〉(2016)이라는 영화를 살펴보자. 시간에 따라 변하는 '시계열 데이터'를 학습하는 데 특화된 순환신경망RNN(Recurrent Neural Network) 기법을 사용해 만들어진 이 영화(온라인에서 무료로 볼 수 있다)는 다음과 같이 시작한다.

남자 1: 대량 실업 상태의 미래에서는 젊은 사람들이 피를 팔 수밖에 없어(In a future with mass unemployment, young people are forced to sell blood).

여자 1: 넌 가서 그 남자아이를 만나보고 입 다물어야겠다. 100살까지 살게 될 것은 나였어(You should see the boy and shut up. I was the one who was going to be a hundred years old).

(남자 1이 눈깔을 토해낸다.)

남자 2: 글쎄, 난 해골한테 가봐야겠다(Well, I have to go to the skull).

시작부터 그다지 자연스럽지 않은 대사로 이루어진 이 시나리오에서 이야기의 앞뒤가 맞는지 따져보기조차 쉽지 않을 것이라는 직감이 든다. 이를 두고 외국의 한 평론가는 이것이 무의미한 난센스인지, 새로 발견된 타르콥스키의 미발표 시나리오를 보는 것인지 모르겠다고 넋두리를 했다. 구소련의 영화감독 안드레이 타르콥스키Андрей Тарковский(1932~1986)는 인간의 영혼과 기억, 의식과 자연의 투영 같은 형이상학적 주제를 느리고 긴 연속촬영, 몽환적인 영상으로 그려내 영화 사상 최고의 작품이라고 평가받는 영화들을 만든 거장이다.

벤저민과 타르콥스키의 작품이 공히 난해하다는 평을 받는데, 왜 AI가 만들면 '앞뒤가 안 맞는' 난센스로 치부되고, 유명한 인간 감독이 만들면 그 깊은 의미를 발견하려 애쓸 가치가 있는 위대한 예술작품이 되는 것일까? 이는 AI와 인간의 창작이 어떻게 다른지 묻는 질문일 뿐 아니라, 예술의 본질에 대한 아주 깊은 질문이라고 할 수 있다. 작품의 의미 혹은 예술성이란 창작자가 의도한 것이어야 할까, 아니면 창작자는 의도하지 않았더라도 감상자가 찾아낼 수 있는 것일까?

## 우주 영웅이 우리에게 남긴 질문

AI의 창작 능력이 인간과 비교해 어느 수준까지 와 있는지를 보여주는 한 가지 일화를 소개하고자 한다. 앞서 이야기했던 영화 〈모건〉의 예고편에 대해 언론에서는 "AI가 영화를 (리)메이크하다" 같은 표현을 써가며 영화 제작의 새로운 패러다임이 등장한 듯한 충격을 전했지만, 실제로 예고편 제작에 참여한 IBM 소속 연구원은 "왓슨은 예고편에 포함할 장면을 찾는 데 사용하는 도구였고, 여전히 인간 편집자의 개입이 필요했다"라고 단언했다. 즉, AI 창작의 현실을 알고 있는 사람들은 AI를 인간이 창작하는 데 활용하는 도구에 지나지 않는 것으로 여기며, 앞으로도 인간이 없는 창작은 어려울 것이라고 입을 모으고 있다.

창작이란 머릿속에 그려지는 착상着想, 귓가에 맴도는 악상樂想, 말로 표현되기 위해 요동치는 시상詩想을 각각 캔버스, 오선지, 원고지 위에 채워나가고 싶은 욕망, 하나의 작품으로 완성해 내는 실행력, 그리고 자신의 작품을 세상에 보여주고 역사에 남기고 싶은 의지가 관여하는 총체적 과정이다. 이러한 과정 없이 입력된 데이터로부터 글자를 뽑아 내뱉은 AI 벤저민의 '작품'을 이해하려는 마음이 감상자에게 생길 것 같은가? 반면 '인간' 감독 타르콥스키의 작품에서 의미를 찾기 위해 고군분투하는 시간을 아까워할 '인간' 관객들은 많지 않을 것이다. AI가 계속해서 발전하여 창작 과정에 조금씩 더 깊이 참여하게 된다 하더라도, 바로 이 점에서 창작하는 인간, 호모 크레안스와는 결정적으로 구별되지 않을까 싶다.

　인간을 AI와 본질적으로 다르게 하는 '인간다움'이란 것이 있는지, 또 있다면 그것이 과연 무엇인지 최종적인 정답을 안다고 자신할 사람은 없겠지만, 그와 관련해 우리가 되새겨 볼 만한 이야기가 소설 《듄》 초반에 나온다. 《듄》의 세계에는 두 가지 종류의 인류가 있다. 독립적으로 생각할 수 있는 '인간human', 그리고 사고능력을 상실한 '사람들people'. 인류가 그렇게 둘로 나뉘게 된 계기는 사람의 사고를 대신해 줄 수 있는 AI의 출현이었다고 한다. 귀찮고 머리를 아프게 하는 힘든 생각 따위는 AI에게 맡겨버리는 편리한 길을 택한 '사람들'은 삶의 굴레로부터 해방되어 자유인이 되었다고 생각했지만, 사실 AI를 조종하는 '인간'들에게 조종당하는 신세로 전락해 버렸다. 그래서 인류의 미래 지도자이자 메시아가 될 것으로 여겨지는 폴의 첫 시련은 그가 '인간'인지 생각 없는 '사람들' 가운데 하나인지 시험받는 것이었다.

　《듄》의 주인공 폴 아트레이데스가 척박한 사막에서 사구와 싸우며 써 내려간 우주적 영웅담이 소설 속 우주의 시민, 그리고 그 소설을 읽는 우리에게도 감명을 줄 수 있었던 것은 바로 그가 진정한 '인간'이었기 때문이다. 앞으로 그 어떠한 기계도 진정한 호모 크레안스는 넘어서지 못할 것 같은 이유가 여기에 있다. 물론 스스로 생각하기를 포기하고 남의 지배 아래에 제 발로 들어가지 않는 진정한 인간이 하나라도 남아 있다면 말이다.

# 비틀스의
# 마지막 싱글

## 예술과 영원

    우리에게 잉글랜드 북부에서 제일 잘 알려진 도시는 맨체스터겠지만, 영국사를 살펴보면 문화적으로도 역사적으로도 맨체스터 서쪽에 자리 잡은 리버풀을 빼놓을 수 없음을 알게 된다. 리버풀에서 축구팀 말고 무엇이 또 유명한지 잘 모르는 사람도 많겠으나, 리버풀은 대영제국 시절이던 19세기에는 영국 본토인 브리튼섬에서 대서양으로 가는 '관문 항구'였다. 전 세계 교역 물자의 40%가 이곳을 통해 움직였으며, '타이태닉호'가 마지막 여행을 시작한 곳이기도 하다. 교역 중심지로서 어느 도시보다도 외국인이 많이 살아서 '유럽의 뉴욕'이라는 별명이 붙었고, 제2차 세계대전 때는 런던 다음으로 나치 독일의 폭격을 많이 당했다고도 하니, 전략적·산업적으로 얼마나 중요한 도시였는지 알 수 있다.

제2차 세계대전 이후 대영제국이 쇠락하면서 사회적 불안과 경제 침체가 이어지고, 해운 기술의 발달로 다른 항구 도시들이 성장하면서 리버풀은 잊히는 듯했다. 하지만 얼마 지나지 않아 리버풀은 또 한 번 세계에 새로운 무언가를 선사한다. 1960년 결성 이후 자신들의 고향에 흐르는 머지강The Mersey에서 이름을 딴 머시 사운드Mersey sound로 시작해 1970년에 해체될 때까지 다양한 실험을 통해 음악의 역사를 바꿔버린 4인조 밴드였다. 바로 존 레넌John Lennon(1940~1980), 폴 매카트니Paul McCartney(1942~), 조지 해리슨George Harrison(1943~2001), 링고 스타Ringo Starr(1940~)로 이루어진 비틀스The Beatles다. 원로 세대에서는 여전히 이들의 〈Let it Be〉, 〈Yesterday〉를 인생 최고의 노래로 꼽는 분들이 많다.

## 비틀스의 끝과 시작

2023년 11월, 비틀스가 〈Now And Then〉이라는 이른바 '마지막 싱글'을 발표했다는 소식을 접했다. 한때 이들의 음악에 빠져 있던 사람으로서 새 노래를 지체 없이 들어야 하는 것은 여전히 내게 신성한 의무였다. 1995~1996년에 '비틀스의 마지막 노래'라면서 발표되었던 〈Free As A Bird〉와 〈Real Love〉를 비틀스 최고의 걸작으로 꼽을 정도로 좋아했던 나는 비슷한 시기에 작업했다는 이 노래의 뮤직비디오가 시작될 때 벅차오르는 기대감을 억누르기 어려웠다.

비틀스가 공연했던 캐번 클럽. 존 레넌의 동상이 보인다. ⓒ박주용

하지만 기대감은 곧 실망감으로 바뀌었다. 노래 자체도 특별한 것이 없었고, 폴과 링고의 몸짓은 내 기억 속 비틀스와 달리 어색했으며, 기록 영상에서 잘라 합성해 넣은 조지와 존의 모습은 노래 분위기에 어울리지 않아 그저 억지스러울 따름이었다. '도대체 무슨 짓을 한 거지?'라는 생각이 들면서, 이 노래의 첫 작업 당시(1995년) 조지가 욕설을 섞어가며 작업을 중단시켰던 이유마저 짐작 가는 듯했다.

그토록 뛰어났던 예술가들의 실망스러운 '마지막'을 보면서 나는 '예술은 어떻게 죽어가는가?'를 묻게 되었다. 그리고 이런 질문을 떠올린 계기가 내가 그렇게 좋아했던 비틀스라는 점에 더욱더 안타까움을 느끼며 머릿속에서 내가 아는 이들의 이야기를 하나씩 꺼내 들춰보기 시작했다. 비틀스는 독일 북부의 도시 함부르크의 홍등가인 리퍼반Reeperbahn에서 공연하다 조지가 미성년자라는 이유로 쫓겨나(시작부터 비범하긴 하다) 돌아간 고향 리버풀의 '캐번 클럽The Cavern Club'에서 인기를 끌기 시작했다. 그 인기를 등에 업고 런던에 진출하려 했지만 오디션을 본 런던의 한 음악사 중역에게 "기타 치는 밴드는 미래가 없다"라는 핀잔을 들으며 리버풀로 돌아가려던 찰나, 이들을 알아본 팔러폰Parlophone 레이블과 계약하면서 비틀스의 전설이 시작되었다.

## 미래의 문을 연 스튜디오 음악

내가 비틀스를 제대로 듣기 시작한 건 이로부터 40년이 지나 《One》 앨범이 나온 2000년이었다. 영국과 미국에서 1위를 기록한 모든 노래를 모은 앨범이었는데, '비틀스가 궁금하면 이것만 들으면 된다'는 소리노 있었다. 당시에도 꽤나 예스럽게 들리는 노래들이긴 했지만, 어깨춤을 추게 하는 초기 머지비트mersey beat의 사랑 노래인 〈From Me to You〉, 〈I Want to Hold Your Hand〉부터 해체 직전에 나온 블루지bluesy 아트 록 〈Come Together〉, 끝내 목적지에 다다를 수 없는 삶을 노래한 〈The Long and Winding Road〉까지 이들의 폭넓은 음악 세계를 느낄 수 있었다. 하지만 1위를 기록한 노래들만을 이들의 정수라고 할 수는 없는 일이다. 나는 비틀스의 음악을 아는 길에 겨우 들어섰을 뿐이었다.

비틀스의 노래들은 특유의 박자를 갖고 있다. 그리고 그 중심에는 로큰롤 사상 최고의 드러머 가운데 하나로 꼽히는 링고가 있다. 링고 특유의 드럼 소리는 왼손잡이면서도 오른손용 드럼을 사용한 데에서 나왔다고 하는데, 링고는 자신의 기량이 최고로 발휘된 노래로 1966년 발표된 〈Rain〉을 꼽는다. 개성이 강한 비틀스 멤버들 사이에서 앞에 나서거나 일부러 관심을 끌지 않는 성격으로 알려진 그조차 인터뷰에서 "내가 들어도 정말 잘 쳤는데, 그렇지 않아요?"라고 물었을 정도로 자랑스러워했다고 한다. 사실이 노래는 비틀스 후기의 특징인 '실험 음악'의 효시라고 평가받는다. 마지막 24초를 장식하는 코다coda 부분은 보컬 존이 이상한 주문을 외우는 것처럼 들리는데, 이는 "선샤인sunshine"이라는 가사를 거꾸로 재생한 것이다. 〈Rain〉은 세계 최초로 이러한 백마스킹backmasking(역재생) 기법을 도입한 노래로 알려져 있다.

스튜디오에서 녹음 기법을 발명하는 데 재미를 붙인 비틀스는 테이프 일부분을 잘라내 여기저기 붙이며 실험한 아방가르드avant-garde 음반 《Revolver》를 발매하면서 대전환을 맞는다. 어린 사랑 타령을 벗어나, 〈Tomorrow Never Knows〉와 같은 오묘한 제목의 애시드 록acid rock(1960년대에 유행한 무겁고 왜곡된 기타 소리가 특징인 몽환적 분위기의 록 장르)에다 R&B와 실내악 등이 섞여 있는 예술작품을 탄생시킨 것이다. 이때부터 〈A Day in the Life〉, 〈Strawberry Fields Forever〉, 〈Across the Universe〉처럼 새로운 기법과 환상에 젖는 듯한 감성이 섞여 있는 '예술적인 팝'이 연달아 발표된다. 10년이라는 시간 동안 이들은 소녀들을 홀리던 미소년 아이돌에서 대중음악을 다차원 예술의 반열에 올린 예술가로 변모한 것이다.

## 1969년 1월 30일 런던

비틀스는 음악뿐만 아니라 각각의 멤버가 독특한 성격을 거침없이 내뿜으면서 '재미있는 친구들'이라는 인상을 주며 인기를 끌었다. 허례허식과 고정관념을 끝없이 비웃는 듯한 비틀스의 모험적인 정신을 주도하던 존, 귀에 꽂히는 탁월한 멜로디를 만들어내는 능력으로 상업적인 성공을 구가할 수 있게 해준 폴, 곱상한 외모의 막냇동생이었다가 뒤늦게 시적 감성이 만개하여 해체 이후에도 '비틀스 사운드'의 명맥을 이어간 조지, 그리고 이 모든 개성들을 절제된 익살로 묶어주면서 밴드를 뒷받침한 링고. 이들은 팬들이 저마다 가장 좋아하는 멤버들을 따르는 현대 아이돌 팬덤 문화의 시조가 되었다.

그러나 곧 어마어마한 인기가 이들을 위협하기 시작했다. 비틀스의 일거수일투족에 대한 전 세계의 관심이 이들을 도망치게 만들었다. 끝없이 이어지는 투어에 지치고, 일부 광적인 팬들 때문에 안전에 위협을 느낀 비틀스는 1966년 미국 샌프란시스코 캔들스틱파크 공연을 마지막으로 더 이상 대중 앞에 서지 않고 《Magical Mystery Tour》, 《Abbey Road》, 《Let It Be》 등의 앨범을 내는 데만 몰두하면서 관객을 직접 만나지 않고도 얼굴을 보여줄 수 있는 뮤직비디오라는 개념을 창시한다(이쯤 되니, 도대체 음악 산업에서 비틀스가 발명하지 않은 게 있는지 궁금해진다).

스튜디오에서 실험과 혁신을 거듭하면서 앨범의 완성도는 높아졌지만 멤버들이 가고 싶은 길은 갈라지기 시작했고, 비틀스는 머지않아 쓰디쓴 내분을 겪으며 해체에 이르고 만다. 끝을 직감한 이들은 1969년 1월 30일에 마지막으로 함께 공연하는데, 이게 바로 런던에 자리한 소속사 애플Apple Corp 사옥 옥상에서 열린 이른바 '옥상 공연Rooftop Concert'이다. 이 공연은 1968년에 열린 제퍼슨 에어플레인Jefferson Airplane의 공연에 이은 두 번째 옥상 공연으로 알려져 있다. 수년간 숨어 지내던 이들이 다시 한번 공연을 한다는 소식이 실시간으로 번지며 사람들이 몰려들었고, 그에 따른 소음으로 주민들의 불평이 커지자 옥상에 강제 진입한 경찰이 악기를 꺼버리고 멤버들을 체포하겠다고 경고하면서 비틀스의 마지막 공연은 그렇게 끝나버리고 만다.

몇 년 동안 이어진 비틀스의 내분에 지쳐 있던 링고는 차라리 경찰에 체포되기를 바랐다고 회고하기도 했다. 그 고통을 끝내는 데 그보다 좋은 방법이 없을 것 같았다면서. 절규와 자조를 오가며 〈Don't Let Me Down〉이라는 노래를 부르던 존이 이듬해 마침내 비틀스를 탈퇴함으로써 세계를 춤추게 한 '팹 포Fab Four', 즉 멋진 4인조는 영영 과거의 추억이 되고 말았다.

## 예술은 어떻게 살아남는가?

비틀스의 음악과 서사를 되짚어 보면서, 그동안 잊고 있었던 좋은 기분이 다시 온몸을 휘감는 것을 느낀다. 그러고 나서 이들의 마지막 인사인 〈Now And Then〉의 뮤직비디오를 다시 본다. 그제야 이 노래를 평론가의 눈으로 평가하는 건 옳지 않다는 생각이 들며, 처음 가졌던 실망감이 한결 누그러진다. 젊은 시절의 네 사람이 무대에서 사라져 버리는 마지막 장면을 보고 난 뒤, 나의 눈엔 비틀스와 동시대를 살았다는 수많은 고백이 흘러 들어온다. 비틀스가 마지막 작별을 고한다는 것은 곧 자신들도 떠날 때가 다 되었다는 뜻이라는 생각에 눈물이 날 만도 한데, 함께해서 행복했다는 고마움의 고백들이다.

내기 앞서 질문했던 '예술은 어떻게 죽어가는가?'에 대한 답이 바로 여기에 있는 것 같다. 누군가의 삶의 마지막 순간까지 함께할 수 있는 한 예술은 죽어 사라지지 않는다. 사람들에게 남겨준 추억들을 통해 계속 살아남을 것이기 때문이다.

# K-콘텐츠가 우주로 날아가지 못하는 이유

## 한국의 과학 서사

2022년 11월, 한국과학창의재단이라는 곳으로부터 흥미로운 질문이 하나 날아 들어왔다. "1. 〈오징어 게임〉, 〈기생충〉처럼 세계적으로 성공한 콘텐츠를 만든 우리나라에서 〈인터스텔라〉, 〈마션〉, 〈빅뱅 이론〉, 〈돈 룩 업〉과 같은 과학기술 소재의 문화 콘텐츠가 생산되지 않는 이유가 무엇인가? 2. 과학기술은 세계 공통이지만 문화는 지역색이 강한데 둘을 융합하기 위한 방법으로는 무엇이 있겠는가?" 두 질문에 대한 생각을 들려달라는 요청을 받은 나는 같은 해 11월 25일 '과학문화산업 비즈니스매칭데이' 행사에 참여해 동 재단에서 육성하고 있는 과학문화 콘텐츠 전문 인력을 대상으로 관련 내용을 강연했다. 과학과 문화 산업이 직접 교차하는 지점에서 지금까지 내가 즐겨왔던 과학 콘텐츠에 대해 이야기할 수 있는 재미있는 기회라고 판단했다. 금요일 아침부터 강연장을 가득 채운 청중들은 끝까지 강연에 집중하며 좋은 질문들을 많이 해주었다. 이 글은 그날의 강연 내용을 수정·보완한 것이다.

## 과학 서사란 무엇인가?

여러분 안녕하세요. 왜 한국에서는 성공적인 과학 콘텐츠가 만들어지지 않는가 하는 문제에 관심을 갖고 이 자리에 와주셔서 감사드립니다. 평소에 저도 중요하게 여겨온 이 문제에 대한 제 생각을 여러분 앞에서 풀어볼 수 있게 되어 아주 즐거운 마음으로 강연을 준비했습니다. 이 질문에 대해 어느 누구도 완벽한 답을 마련할 수는 없겠지만, 문화를 연구하는 과학자로서, 또 지금까지 여러 과학 콘텐츠를 즐겨온 애호가로서 생각해 온 점들을 정리해 말씀드린다고 생각하고 재미있게 들어주셨으면 합니다.

먼저 과학과 문화 콘텐츠의 관계에 대해 이야기해 보겠습니다. 과학 문화 콘텐츠란 과학을 '서사narrative'라는 장치를 통해 미술과 음악이 종합된 형태로 표현한 것으로 볼 수 있습니다. 그러므로 제대로 된 과학 문화 콘텐츠라고 불리려면, '과학의 본질'을 잘 나타내야 할 것입니다. 그렇다면 여기에서 우린 "과학이란 무엇인가?"라는 질문을 던지게 됩니다. 누군가는 이렇게 대답할 수도 있겠지요. "과학은 열물리학, 양자역학, 무기화학, 뉴턴역학, 유전자학 등으로 이루어진 것이다"라고요. 사실 틀린 말은 아닙니다. 그러나 이 대답에 나열된 저 이름들은 인류가 '과학이라는 활동'을 함으로써 생겨난 부산물입니다. 그래서 이 대답은 과학의 과거와 현재를 일컫는 것이지, 제가 말씀드리려고 하는 '미래를 상상한다'는 의미에서 과학의 본질을 썩 잘 나타내 주진 않습니다.

그 의미에서 더 적합한 답은 "과학이란 새로운 것을 찾게 해주는 생각의 방식이다"라고 하겠습니다. 즉, 우리가 아직 본 적이 없는 것, 아직 알지 못하는 것에 대해 인간이 갖고 있는 호기심과 시너지를 일으키며, 아직 오지 않은 '미래'라는 시공간을 열어나가게 해주는 사고방식으로서의 과학을 마음에 새겨주셨으면 합니다. 이러한 연유로 과거에는 과학 서사$^{SF}$에 '놀라운$^{amazing}$', '기막힌$^{astounding}$' 등의 수식어가 붙었던 것이겠죠. 일상에서는 일어나지 않을 법한 이야기들이니까요. 금성에 사는 외계 종족의 대표들이 지구로 온다는 이야기 같은.

이제는 '서사'가 무엇인지 알아볼 차례입니다. 서사는 '세상에서 일어나는 사건들을 논리나 인과관계로 묶어 하나의 이야기로 만들어 낸 것'이라고 할 수 있습니다. 서사가 생겨난 것은 인간이 자신의 경험을 이야기로 엮어야 더 잘 기억하기 때문이라고도 합니다. 그렇다면 역사는 민족·국가·인류의 기억을 서사로 만든 것이라고 볼 수 있겠지요. 개별 사건으로부터 서사가 만들어지는 간단한 예를 살펴보겠습니다. 여러분 눈앞에 다음의 세 가지 일이 벌어진다고 가정합시다.


1. 풍선이 터진다.
2. 아이가 울음을 터뜨린다.
3. 여성이 아이를 안아준다.

이 사건들을 다음과 같이 묶으면 서사가 만들어집니다.

'풍선이 터져서' 슬퍼진 '아이가 울음을 터뜨리자' 아이를 달래주려고 '여성이 아이를 안아주었다'.

'과학 서사'도 서사의 하나인 만큼 동일한 방식으로 만들어지는데, 사건 또는 사건들을 잇는 설정에서 과학의 냄새가 나는 것이 특징입니다. 가령 터진 풍선에 들어 있던 것이 공기나 헬륨이 아니라 미지의 외계 기체여서 그걸 마신 아이가 울도록 조종을 당하게 되었다든가, 여성이 아이의 엄마가 아니라 미래에서 온 그 아이 자신이었다든가 하면 서서히 SF가 되어가는 느낌이 들죠? 반면 저 사건이 여자고등학교 운동장 한가운데에서 벌어지고 있고, 저 여성이 몇 년 전 이 학교를 다니다가 자취를 감춘 여학생의 혼령이었다고 이야기한다면, 제가 좋아하는 〈여고괴담〉 시리즈 같은 공포물이 되겠지요.

## 과학 서사의 무중력 공간

과학적인 소재를 다룬다는 것 이외의 과학 서사의 큰 특징 가운데 하나로는 '불신의 일시정지Suspension of Disbelief'(이하 SoD)가 있습니다. SoD란 '저게 될 리가 있어?'라는 생각은 잠시 접어달라고 감상자에게 부탁하는 일입니다. 여기에서 우리가 알아야 할 것은 이 SoD가 황당무계한 장면을 합리화하는, 무리한 부탁을 하는 것이 아니라 과학 서사에서 실현과 미실현의 사이의 경계를 조절하기도 하고, 과학 서사가 벌어지는 '상상 가능한 세계'의 영토를 넓히기도 하는 정말 핵심적인 역할을 한다는 것입니다.

예를 한번 찾아볼까요? 마블의 〈캡틴 아메리카: 시빌 워〉를 보면 '스티브 로저스'가 맨몸으로 날아가는 헬리콥터를 붙잡아 끌어 내리는 장면이 있습니다. 일상에서는 저런 장면을 볼 수 없다고 생각하는 관객들에게 '불신의 일시정지'를 부탁하는 장면이지요. 그런데 일단 그것 하나만 허용한다면, 이제 관객들은 로저스가 맞은 슈퍼솔저 혈청의 효과가 얼마나 엄청난지 받아들이고, 이 혈청을 확보하기 위해 경쟁에 나서는 각국 정부와 테러리스트 집단에서 전쟁도 불사하는 것을 이해하게 됩니다. 자연스럽게 더욱 더 마블의 서사에 빠져들게 되는 거죠. 이게 SoD의 역할입니다.

SoD의 제일 흔한 예로는 우주선 안에서 인물들이 지구에서처럼 걸어 다니는 걸 들 수 있죠. 서사 안에서 굳이 합리화시킨다면 영구자석과 같은 인공 중력 기술이 있다는 설정을 넣기도 합니다. 하지만 SoD를 통해 그런 설정 없이도 우주 공간에서 눈에 익숙한 물리적 움직임을 가능하게 하고, 관객이 그보다 더 중요한 서사적 요소에 집중하게 할 수 있다는 점이 중요합니다. 2013년 개봉한 〈그래비티Gravity〉가 실사 영화로는 예외적으로 처음부터 끝까지 완전한 무중력 상태를 연출했지만, 사실 그 효과만 부각되고 서사적으로는 알맹이가 거의 없는 액션 영화가 되고 말았지요. 혹시 러닝타임 내내 쉴 새 없이 허공을 떠다니던 볼펜이 기억나시는지요? 알맹이 없는 이야기에 우주 SF의 걸작으로 꼽히는 〈2001: 스페이스 오디세이2001: A Space Odyssey〉를 상징하는 특수효과인 볼펜만 그대로 가져온 것에서 저는 "내가 바로 〈스페이스 오디세이〉의 후계자야"라고 외쳐대는 듯한 가벼움만 느껴졌습니다.

## 미국 기업은 우주로, 한국 기업은 골목으로?

과학 서사의 기본 요소를 이야기했으니 이제 논의를 조금 더 진전시켜서, 콘텐츠의 서사 안에서 과학이 하는 주된 역할이 무엇인지 이야기해 보겠습니다. 2015년 개봉한 영화 〈마션The Martian〉처럼 세밀한 과학적 묘사는 작품의 사실성을 높여주기도 하지만, 사실성보다 더 중요한 점은 과학이 우리가 상상할 수 있는 세계의 영역을 넓혀준다는 것입니다. 인류는 아직 지구와 달 너머로 나가보지 못했지만, 우리는 그보다 더 먼 우주에서도 통할 것이라고 확신할 수 있는 지식을 갖고 있습니다. 그것은 바로 과학입니다. 과학은 지금까지 우리가 눈으로 볼 수 없는 작은 세계, 발 딛지 못한 먼 세상을 탐구할 수 있게 해준 원동력이었습니다. 그래서 과학을 좋아하고 그에 감명을 받아본 사람이라면 자연스럽게 일상을 벗어나 자꾸 밖으로, 밖으로 나아가는 상상을 할 수 있고, 거기에 SoD라는 무기까지 장착하면 그 어떤 현실적 제약도 깨부수는 서사를 만들 수 있는 것이지요.

　그렇다면 오늘 강연의 주제인 전 세계에서 통할 수 있는 과학 콘텐츠란 바로 이 '과학의 정신'이 살아 있는 문화 속에서 태어난다고 볼 수 있습니다. 과학의 정신과 과학기술을 기반으로 신흥 억만장자가 된 테슬라의 일론 머스크Elon Musk와 아마존의 제프 베이조스Jeff Bezos를 아시지요? 이 둘은 최근 스페이스XSpaceX(머스크), 블루오리진Blue Origin(베이조스)이라는 회사를 차려서 우주로 나가겠다며 열을 내고 있지요. 머스크는 우주의 법칙을 탐구하는 물리학을 전공했고, 베이조스는 학생 때부터 우주여행 클럽 활동을 해왔다고 합니다. 성인이 되어 마련한 거대한 부를, 어린 시절부터 갖고 있던 우주 탐험의 꿈을 실현시키는 데 사용하는 문화라면 자연스럽게 과학 서사가 융성할 수 있는 토양이 되지 않을까요? 그런데 우리나라는 어떤가요? 한국의 대표적인 신흥 대기업 K사, N사에서 우주에 가려고 한다는 말을 들어본 적이 없습니다. 우주가 아니라 오히려 좁디좁은 골목으로만 열심히 들어간다는 인상을 주지 않던가요(웃음)?

　'미국 기업은 우주로, 한국 기업은 골목으로' 가는 모습은 선진국 따라 하기 바빴던 한국 과학기술의 역사가 낳은 현상 같습니다. 이를 통해 빠른 경제 발전은 이룰 수 있었지만, 세계에서 통하는 과학 서사를 만들려면 생각의 전환이 필요해 보입니다. 물론 골목 상권을 무대로 하는 한 한국형 SF 걸작이 나올 수도 있겠지만요. 이러한 문화적 관성을 깨고 세계에서 통하는 과학 서사를 만들기 위해서 지금이라도 어떤 노력을 해야 할지, SF 작품 몇 편을 통해 살펴보겠습니다.

## 과학적 소재를 넘어 과학적 태도로

먼 미래의 인류는 12개의 행성으로 이루어진 행성계에서 살고 있습니다. 행성 사이의 근거리 우주여행은 일상화되어 있고, 광활한 우주 속 임의의 지점 사이를 이동할 수 있는 초광속비행 기술도 갖고 있는 등 지금의 우리보다 진보한 문명입니다. 그런데 이들은 자신들이 창조한 AI 로봇인 '사일런'들에게 기습당해 겨우 8만 명만이 살아남아 생존과 구원을 오가는 사투를 벌입니다. 〈배틀스타 갤럭티카〉, 줄여서 〈BSG〉라고도 부르는 로봇과 우주 소재의 이 작품은 TV시리즈의 천국이라는 미국에서 《타임》선정 '역대 최고의 TV시리즈 100선'에 올랐습니다. SF 한정이 아니라 모든 TV시리즈 가운데에서요. 그 이유는 이 작품이 우주를 배경으로 '인간이라면 정말로 겪을 만한 고민, 정말로 궁금해할 만한 질문'들을 끊임없이 던진다는 점에서 찾을 수 있습니다.

우주 활극이라면 대개 인간과 사일런 사이의 호쾌한 전투 같은 눈요깃거리나 기대하기 마련이지만 이 작품의 진짜 재미는 인류의 절멸이 걸려 있는 절박한 상황 속에서도 끝없이 터져 나오는 정치, 종교, 법, 인종, 계급 차별 등 인간적인 이야기에 있습니다. 〈BSG〉가 우주를 배경으로 하는 흔한 SF를 초월하는, 인류 보편의 경험을 담은 작품인 이유입니다. 인간을 사냥하면서도, 한편으론 인간을 부러워하며 인간처럼 되고 싶어 하는 사일런의 모습을 지켜보다 보면 인간과 로봇의 경계선이 희미해지며 이 작품을 과연 '우리(인간) 대 타자(로봇)의 대결'이라고 단정할 수 있을지 확신이 없어집니다. 사일런들을 다른 인간 집단에 복수심을 갖고 있는 또 다른 인간 집단으로 바라보아도 크게 달라질 것이 없다는 뜻입니다. 인류를 절멸시키는 데 실패한 사일런의 우두머리가 "나는 우주를 가득 채운 감마선을 보고 싶은데 나의 창조자는 왜 전자기파의 극히 일부분만 볼 수 있는 나약한 인간의 눈을 주었는가"라며 자신의 태생적 한계를 한탄하는 모습만큼 인간적인 것이 또 있을까요? '인간의 눈은 전자기파 가운데 일부 영역인 가시광선만 볼 수 있다'는 것은 초등학생들도 알 만한 상식인데, 그런 상식적인 내용을 장대한 과학 서사의 제일 대표적인 대사로 승화시킨 것입니다. 남 따라 하기가 아닌, 존재의 본질을 묻는 과학적 태도에서만 나올 수 있는 성취입니다.

## SoD가 영웅 서사를 만났을 때

기자였던 프랭크 허버트는 취재를 위해 오리건주에 갔다가 모래언덕을 보고 느낀 경이로움을 소설로 남기기로 합니다. 이렇게 탄생한 《듄》은 사막에서의 삶에 대한 정교하고 사실적인 묘사가 돋보입니다. 하지만 이 서사의 핵심은 그보다는 사막이라는 환경에서 생존해 가는 주인공 폴의 반전 가득한 운명이라고 볼 수 있습니다. 폴은 우주 최고의 명문가 아트레이데스 가문의 외아들입니다. 그런데 그 집안이 살기 어려운 척박한 사막의 행성으로 이주하면서 그의 운명은 모래폭풍이 부는 사막처럼 한 치 앞을 볼 수 없게 됩니다. 《듄》은 '왜 모자람이 없는 명문가 출신이 그러한 곳에 가는가?'를 묻고 영웅의 탄생과 그 과정에 겪는 비극을 통해 우리의 선입견을 뒤집는 서사입니다.

이 작품에서 주제를 상징하는 중요한 역할을 하는 것이 바로 사막의 거대한 모래벌레, 즉 SoD입니다. 모래벌레는 지구의 사막에서 관측된 적이 없는 상상 속의 동물이지만, 주인공이 생존을 위해 맞붙어 이겨내야만 하는 사막이라는 환경에 역동성을 입히는 하나의 캐릭터로 등장합니다. 작품 후반 주인공이 모래벌레를 타고 자유롭게 이동하는 장면은 주인공이 사막을 정복했음을 상징적으로 보여줍니다. 물론 그 기반에는 사막이라는 물리적 환경에 대한 작가 프랭크 허버트의 과학적 이해가 있었지만, 모래벌레는 SoD로서 작품 속에서 사막이 단순한 과학적 사실성을 재현하는 것을 넘어서 인간과 자연의 관계, 그리고 영웅의 탄생을 상징하는 역할을 하게 했습니다. 훌륭한 과학 서사의 한 가지 특징은 이처럼 SoD로 단순히 볼거리를 자랑하는 데 그치지 않고, 그것을 서사의 중요한 요소로 활용한다는 점입니다.

## 금기의 벽을 넘어야 통한다

이 강연을 준비하면서 과학 서사에 미치는 편견의 악영향에 대해 고민하고 있던 차에 〈공기인형〉이라는 일본 영화를 보았습니다. 주인공은 한국인 배우 배두나 씨가 맡았습니다. 2010년에 처음 개봉한 뒤 2020년에 재개봉까지 할 정도로 국내에서도 많은 사랑을 받은 작품이지만, 이 영화를 다 보고 나면 정작 한국에서는 나올 수 없는 작품임을 알 수 있습니다. 왜 그런 것일까요?

바람을 불어 넣으면 사람 모양이 되는 성인 장난감 '공기인형blowup doll'인 '노조미'에게 어느 날 마음이 싹트기 시작합니다. 겉모습도 사람 같아지면서 일도 하고, 친구도 사귑니다. 여기까지 편안한 봄날에 한 편의 동화를 보는 기분에(배두나 씨와 같은 학교를 다녔던 친구가 "배두나는 정말 인형처럼 생겼다"라는 말을 해준 기억이 나서 더더욱) 내내 미소를 짓고 있던 저를 충격에 빠뜨릴 반전이 기다리고 있었습니다. 점점 더 사람 같은 모습과 마음이 되어가면서도 노조미가 여전히 섹스 도구라는 역할을 그대로 따르고 있었기 때문입니다. 이와 같은 태생적 역할과 자존감 있는 주체로서의 인간성이 끝내 융화하지 못한 노조미가 연인과 함께 폐기물이 되어 버려지는 결말에 저는 탄식하지 않을 수 없었습니다.

초현실적 발상, 충격적인 반전을 온몸으로 상징하는 입체적인 주인공. 좋은 과학 서사의 핵심 요소를 갖췄고, 한국 배우가 주연이며, 한국에서 인기를 끌었지만 정작 한국에서는 나올 수 없었을 역설적인 작품. 최근까지도 공기인형 같은 물건을 개인이 자유로이 소유할 수 있느냐 없느냐 하는 논쟁에서 벗어나지 못한 나라에서 그것을 소재로 한 고차원의 서사를 기대하긴 쉽지 않겠지요. 하지만 〈공기인형〉이 인기리에 재개봉까지 한 것을 보며, 한 차원 높은 시사에 대한 희망을 가져봅니다.

## 지금의 우리를 뛰어넘어야 한다

큰 규모와 깊은 주제 의식, 금기와 선입견을 벗어난 소재와 입체적인 인물들. 이 기준에서 한국의 과학 서사는 어디까지 왔을까요? 한국의 '스페이스 오페라'를 자처한 2021년 영화 〈승리호〉를 놓고 보았을 때, 배우들의 연기와 특수효과 등 긍정적인 면이 있지만 과학의 의미가 살아 있는 진정한 과학 서사라고 하기엔 아직 갈 길이 멀어 보입니다.

먼저 주제 의식의 측면에서 〈승리호〉가 핵심 소재인 빈부격차를 다루는 방식이 온전히 오늘날 한국인의 감성 그대로이기 때문에 군이 미래의 우주를 배경으로 할 필요가 있었는지 의구심이 듭니다. 게다가 부자들이 "잘못했다. 미안했다"라며 일시적으로 돈을 나눠주는 방식으로는 경제 문제가 해결되지 않는다는 것을 전 세계 역사가 (때로는 엄청난 피를 흘리게 하며) 반복적으로 증명해 주었는데도, 미래의 인류를 여전히 똑같은 환상에 빠져 있는 모습으로 그린 것은, 장대한 과학 서사에 걸맞은 주제 의식이 다뤄지려면 조금 더 기다려야 하겠다는 생각을 하게 합니다. 그럼에도 진일보한 특수효과를 발판 삼아 언젠가는 미래라는 시간, 우주라는 공간의 의의를 충분히 살린 과학 서사가 한국에서도 나오리라는 희망을 품고 감상을 마무리하려고 했습니다. 그런데 많은 관객이 놓쳤을 듯한 맨 마지막 대사가 제 귀에 들어오는 찰나, 그 순박한 희망도 아직은 사치가 아닌가 하는 생각이 들었습니다.

〈승리호〉에는 진선규 씨가 연기한 '타이거 박'이라는 선원이 있습니다. 험악한 외모에 무기를 쉽게 휘두르는 것으로 보아 거친 인생을 살아왔을 것 같지만, 악당들에게 쫓기던 가엾은 아이에게 구원을 선사하며 좋은 서사의 필수 요소인 '반전'을 보여준 주요 인물이지요. 그런데 영화의 마지막에 "아이들이 무서워한다"라며 타이거 박이 문신을 지웠다는 이야기가 나옵니다. 영화의 서사와 아무런 상관이 없는 소리를 뜬금없이 미담이라고 던지며 중요한 반전 요소를 작품 스스로 삭제해 버린 것입니다. 아무리 위험과 손해를 무릅쓰고 오갈 데 없는 아이들의 목숨을 구해준 영웅이라고 해도, 문신을 한 사람은 아이들 가까이 가면 안 된다는 편견이 난데없이 자칭 '스페이스 오페라'의 마지막을 장식했습니다. 겉모습과 개성에 대한 속 좁은 편견도 깨지 못하면서 세계에서 통할 과학 서사가 나올 수 있을지 생각해 보시면 좋겠습니다.

## 서레너티호에는 있고 승리호에는 없는 것

우리에게 중요한 교훈을 줄 수 있는 작품을 하나 더 소개하며 강연을 마치겠습니다. 〈어벤져스: 에이지 오브 울트론〉의 감독인 조스 위던Joss Whedon이 만든 〈파이어플라이Firefly〉입니다. 인류 간의 내전에서 패배한 전직 군인, '동반자Companion'라고 불리지만 동시에 매춘부라는 눈총을 피하지 못하는 여성, 우주 정부로부터 도망치느라 오갈 데 없는 고아 남매 등 삶이 고달픈 사람들이 주인공입니다. 말 그대로 반딧불이처럼 생긴 작은 우주선 '서레너티호'를 타고 힘 있는 사람들의 사소한 심부름부터 때때로는 밀수까지 하며 근근이 살아가는 낮은 지위의 사람들 이야기라는 점에서 〈승리호〉와 비교될 수 있겠습니다. 그러나 유사점은 거기까지입니다. 이 작품은 〈승리호〉에 없는 호방한 스케일의 모험으로 가득 차 있을 뿐 아니라, 윤리와 가치가 과학 서사에서 어떻게 표현되어야 하는지를 잘 보여줍니다. 특히 마지막 '황금의 심장' 편에서 그 점이 두드러집니다.

정부의 통제가 닿지 않는 무법의 외딴 황무지 행성에 의지할 것은 서로뿐인 매춘부들의 집이 있습니다. 이곳에 사는 한 여성이 아이를 가졌다는 소문이 나자, 자기가 그 아이의 아버지라고 주장하는 지역의 실력가가 이 여성과 아이를 강제로 탈취하기 위해 다른 여성들의 목숨은 아랑곳하지 않고 습격을 감행합니다. 서레너티호의 선장은 이곳의 우두머리인 여성에게 도저히 이길 수 없으니 포기하고 자신들과 도망치자고 설득하지만, 그녀는 이 외진 곳에서 쟁취한 자유롭고 독립된 삶은 결코 포기할 수 없는 자신의 꿈이었다며 끝까지 저항하다 목숨을 잃고 맙니다.

여러분도 자신의 힘으로 일군 삶을 빼앗으려는 억압 세력에 맞서 '자유가 아니면 죽음을'이라는 숭고하고 명예로운 가치를 실현한 사람이라면 존경할 만하다고 생각하실 것 같습니다. 이 작품은 고귀한 '황금의 심장'을 거대한 전 우주에서 제일 힘이 없는 존재에게서 찾아낸 것입니다. 그런데 〈파이어플라이〉가 우리나라에서 나왔다면 어땠을까요? 이 여성은 누구보다 고귀한 황금의 심장을 갖고 있으면서도 '흙의 심장'을 가진 이들 앞에서 자신의 과거를 용서해 달라고 빌어야 하지 않았을까요? 자신다움을 지워야 했던 영웅, 타이거 박처럼요.

여러분, 과학의 힘은 우리의 상상으로부터 나옵니다. 연구든 서사든 우리가 상상하는 만큼의 힘이 생깁니다. 바깥의 넓은 세상보다는 안쪽의 좁은 세상으로만 향하고, 다른 것을 인정하기보다는 우리만의 기준으로 남을 재단하는 편견은 상상력을 좀먹고 과학의 앞길을 막습니다. 우리의 과학 문화 콘텐츠가 세계에서 통하지 않는 원인은 먼저 우리 자신에게서 찾아야 합니다. 세계에서 통하는 과학 서사를 만드는 능력은 특수효과 기술력만이 아니라 인류의 기원과 미래를 탐구하는 깊은 주제 의식, 고난과 선입견을 극복하는 인물들, 편견과 편협한 도덕률을 벗어나려는 과감함, 그리고 그 모든 것을 서사라는 캔버스에 담아내는 자유로운 사고력입니다. 한국의 과학 문화 콘텐츠가 우리 안의 마음의 벽을 넘어 세계에서도 통할 날이 오길 기원하며 강연을 마치겠습니다.

# 3장 질서와 무질서 사이에서

# 혼돈의 모서리라는
# 가능성

## 엔트로피와 창의성

해외여행이 자유화되지 않았던 초등학생 시절 아버지 직장을 따라 가족이 서독(독일 통일 이전)에서 몇 년 동안 생활했었다. 알파벳 정도나 겨우 읽을 수 있던 어린아이가 말이 전혀 통하지 않는 동갑내기들이 모여 있는 학교에 외국인으로서 처음 가던 날, 평생 한국이라는 계(시스템)에 익숙해졌던 몸과 마음이 외국이라는 다른 계와 접촉하며 느꼈던 이질감(그리고 새로운 경험이 주는 묘한 자극)은 그로부터 긴 시간이 지난 지금도 생생하다.

서로 다른 두 계의 '접촉'을 생각할 때 또 하나 기억나는 것은 당시 일요일마다 미군 방송 AFN에서 방영되었던 〈3-2-1 콘택트3-2-1 Contact〉라는 프로그램이다. 다양한 과학적 원리와 응용법을 소개하는 어린이 프로그램이었는데, 주말 아침에 일어나 "셋-둘-

하나 접촉! 모든 게 접촉으로부터 시작된다!"라는 가사의 시그널 노래를 들을 때면 오늘은 과연 어떠한 두 개체가 만나 신기한 일이 벌어질지 기대하곤 했다. 나의 손가락이 스위치에 닿는 순간 공간이 빛으로 가득 차고, 너의 말이 나의 귀에 닿는 순간 감정과 사상이 전달되고, 꿀벌이 날아와 꽃에 내려앉아야 새로운 생명이 탄생하듯.

## 정상상태가 흔들리기 시작할 때

왜 서로 다른 두 계가 접촉할 때 새로운 일이 벌어지게 되는 걸까? 멀리 갈 것 없이 우리의 몸을 한번 바라보자. 호흡과 신진대사를 하며 살아 있는 동안 우리의 몸은 단기적으로 볼 때 아무런 큰 변화를 겪지 않는데, 이렇게 '하던 대로 하는', '있던 대로 있는' 것을 물리학적으로 '정상상태stationary state'(엄밀한 물리학적 정의에서는 '영원한 시간' 동안 한 상태가 유지되는 것을 뜻하지만, 현실에서 영원이란 것은 없다)에 있다고 말한다. 그러나 정상상태라고 해서 아무런 일도 벌어지지 않고, 모든 것이 멈춰 있는 것은 아니다. 정상상태에 있을 때도 몸 안에서는 무수히 많은 자연현상이 벌어진다. 몸을 구성하는 원자와 분자는 열역학의 법칙을 따라 떠돌거나(액체), 진동하고(고체), 세포들은 끊임없이 분화하고 사멸하며, 두뇌는 쉴 새 없이 사고하고 판단을 내린다. 다만 이런 일이 벌어진다 해도 눈에 보이는 큰 변화가 단시간에 일어나지 않기 때문

150

에 정상상태에 있다고 하는 것이다. 하지만 정상상태에 있는 이질적인 두 계가 만나면 그 경계에서 생기는 '섭동perturbation'(흔듦)이 각 계의 정상상태에 충격을 가하면서 진정으로 새로운 일이 벌어지게 된다.

섭동의 결과는 기존 정상상태의 완전한 파괴일 수도 있고, 아주 약간의 변이가 가미된 새로운 정상상태일 수도 있다. 1월 1일이 되면 누군가는 행복한 새해를 기원하는 메시지를 보내고, 다른 누군가는 새해는 음력설부터 시작되는 것이 아니냐고 반문하는 일이 매년 반복되는 것을 그러한 '새로운 정상상태'의 한 가지 예로 볼 수 있다. 음력을 사용하는 '전통계'와 양력이라는 '외부계'가 만나 만들어진 새로운 정상상태 말이다. 이와 비슷한 일을 나는 예전 한국식 나이 세는 법을 외국인 친구들에게 설명하면서도 겪었다. '나이'와 'age'는 같아 보이지만, 엄밀히 말하면 한국의 '세는나이'는 태어난 해를 1년으로 쳐서 계산하지만, 영어의 'age'는 실제로 살아온 햇수라는 차이를 설명해 줄 때, 헷갈려 하는 친구들의 미묘한 표정 변화에서 두 계가 충돌하며 벌어지는 섭동을 눈으로 확인할 수 있었다.

## 질서의 물리학적 의미

접촉·맞닿음·섭동·충돌의 메커니즘과 영향력을 탐구하는 '경계의 과학'에서 가장 핵심적인 개념은 '질서order'다. '질서가 있다'

는 것은 우리가 그 계의 상태(물리학에서는 조금 더 시각적인 면이 강조되는 '배열configuration'이라는 용어가 더 자주 쓰인다)를 완전히 이해하고 있음을 뜻한다. 그런데 우리가 잘 알고 있다고 생각한 것의 반례를 만나는 순간, 우리가 알고 있던 질서가 깨지면서 '무질서'가 증가한다.

질서와 무질서의 개념을 과학적으로 더 잘 이해하기 위해 일상생활에서 친숙한 예를 들어보자. 지하철 출입문 양옆으로 가지런히 줄 선 승객들, 각종 물건들이 제자리에 놓인 방, 책들이 듀이 십진분류법에 따라 정확히 서가에 꽂혀 있는 도서관의 모습 등을 우리는 질서라고 부른다. 이처럼 질서가 있는 계의 특징은 그 안에 있는 개체(승객, 물건, 책 등)들이 어디에 있고 무엇을 하는지 잘 알 수 있으며 그로 인해 그 계의 행위를 잘 통제(유사시 승객 유도)하고, 필요에 따라 효과적으로 활용(물건이나 책 등을 쉽게 발견)할 수 있다는 것이다. 무질서란 반대로 그 계를 잘 통제하거나 활용할 수 없는 상황을 뜻한다.

아무리 어렵고 복잡해 보여도 과학의 모든 개념은 일상 속에서 태어난다. '활력', '힘찬 움직임'이라는 일상적인 뜻으로부터 에너지energy라는 개념이 만들어졌듯, '잘 정돈되다'라는 질서의 일상적인 뜻으로부터 '엔트로피'entropy라는 개념이 만들어졌다. 실제로 물리계가 외부의 자극으로 질서에서 무질서로 변화한 정도를 나타내는 엔트로피는 1865년 독일의 물리학자 루돌프 클라우지우스Rudolph Clausius(1822~1888)가 에너지와 비슷한 느낌이 나도록 영어 접두사 '엔en'에 변화·전환을 뜻하는 그리스어 '트로페τροπη(trope)'를 붙여 만든 말이다. 클라우지우스가 처음 이 개념을 제안했을 때는 열과 온도에 따른 물질의 성질을 연구하는 물리학 분야인 열역학thermodynamics에서만 사용되었지만 이후 엔트로피는 사회, 경제를 비롯한 다양한 계에서 질서를 생각할 때도 사용되는 보편적인 개념으로 자리 잡는다.

엔트로피는 어떻게 계산할까? 앞에서 잠시 소개한 지하철 승객의 예를 다시 자세히 들여다보자. 먼저 1번부터 10번까지 10명의 승객이 있고, 출입문 앞에는 사람이 서 있을 수 있는 자리가 정방형으로 25개 있다고 가정하자. 질서 있는 승객들은 문을 막지 않기 위해 가장자리에 가지런히 서 있을 것이고, 반면 무질서한 승객들은 자기 자리를 마구잡이로 골라 서 있을 것이다. 이 두 가지 상반된 성질을 갖는 승객들이 자기 자리를 잡아 서는 경우의 수를 생각해 보자.

'질서 있는' 1번 승객은 10개의 자리 가운데 하나를 차지하고, 2번 승객은 남아 있는 9개의 자리 가운데 하나를 차지하고, 이렇게 마지막 10번 승객까지 따져보면 이들이 자리를 잡는 경우의 수는 '10×9×8×7×6×5×4×3×2×1=3628800'이 된다. 즉, 질서 있는 승객들은 총 362만 8800개에 달하는 배열 가운데 하나로서 있게 된다. 이에 반해, '무질서한' 1번 승객은 25개의 자리 가

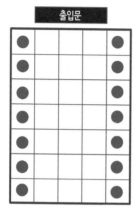 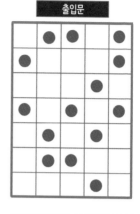

질서 있게 기다리는 승객들(엔트로피 낮음)　　　무질서하게 기다리는 승객들(엔트로피 높음)

출입문 앞에 질서 있게 서 있는 승객들과 무질서하게 서 있는 승객들. 무질서해질수록 승객들의 위치를 파악하기 어려워지고, 따라서 유사시에도 잘 통제할 수 없게 된다.

운데 하나를 차지하고, 2번 승객은 나머지 24개 가운데 하나를 차지한다. 이렇게 따지다 보면 이들은 무려 '25×24×23×22×21×20×19×18×17×16=11861676288000'개에 달하는 배열 가운데 한 가지 배열로 서 있게 된다. 무질서한 계는 질서 있는 계보다 가능한 배열의 수가 훨씬 더 많은 것이다(그래서 우리의 머릿속을 더 어지럽게 만든다!).

　이러한 개념을 바탕으로 오스트리아의 물리학자 루트비히 볼츠만Ludwig Boltzmann(1844~1906)은 형상의 총 개수 $W$에 로그를 취하고, 자신의 이름이 붙은 '볼츠만 상수' $k$를 곱한 값을 엔트로피($S$)

로 정의하였다. 여기에서 편의상 $k$를 1로, 로그의 밑을 10으로 가정하면(엔트로피의 크기를 따질 때는 큰 문제가 되지 않는다), 다음과 같은 계산에 따라 질서 없는 승객들의 엔트로피($S_2$)가 질서 있는 승객들의 엔트로피($S_1$)보다 2배 정도 크다는 것을 알 수 있다.

$$S_1 = \log_{10} 3628800 = 6.56$$
$$S_2 = \log_{10} 11861676288000 = 13.07$$

## 파국을 피할 수 없다면

왜 배열하는 경우의 수가 큰 쪽을 더 무질서하다고 하는 것일까? 배열하는 경우의 수가 클수록 순간순간 그 계가 정확히 어떠한 상태에 있는지 예측하기 어려워지고(축구공이 똑바로 굴러가는 방향보다 럭비공이 이리저리 튀는 방향을 예측하기 어렵듯이), 우리가 그 계에 대한 통제력을 잃기 쉬워지기 때문이다. 지하철에서 승객들이 무질서하게 서 있을수록 약간의 혼란에도 서로 엉키고 넘어지며 언제 사고가 날지 알 수 없는 통제 불능의 상태로 빠질 확률이 높아지는 것과 같은 원리다. 그리고 그 상태가 더욱더 심각해진다면 열차 운행 중단이나 역의 폐쇄처럼 정상상태가 완전히 무너지는 파국catastrophe에까지 이를 수 있다.

무질서도, 즉 엔트로피의 증가가 궁극적으로 우리를 파국에 이끌지 않도록 영원히 안정적인 정상상태를 쟁취할 방법이 있는지 궁금할 수 있다. 그런데 이 질문에 대해 열물리학에서는 단호히 '그런 것은 없다'고 답한다. '열역학 제2법칙'에 따르면 어떤 계의 엔트로피는 스스로 감소할 수 없으며, 다른 계와 접촉시켜서 한쪽의 엔트로피를 인위적으로 줄이더라도 접촉한 다른 계의 엔트로피는 그 이상으로 증가한다. 즉, 우주는 계속해서 더 무질서한 상태를 향해 갈 수밖에 없다.

무엇을 해도 무질서도는 반드시 증가한다는 이 법칙을 근거로 아주 먼 미래를 내다보면, 언젠가 전 우주가 궁극의 무질서 상태에 접어들 것이라는 예측도 할 수 있다. 이렇게 무질서가 극대화되어 우주에서 그 어떤 것도 할 수 없는 극도의 불능상태를 '열죽음heat death'이라고 하는데, 볼츠만이 노년에 스스로 유명을 달리하자, 그가 열죽음이라는 비극을 내다보고 슬픔에 빠져 그랬다는 이야기가 전설처럼 전해지기도 한다. 하지만 이는 사실과 다르다. 볼츠만은 살아생전 이미 조울증에 시달리고 있었고, 그와 같이 뛰어난 물리학자라면 전 우주의 열죽음은 까마득히 먼 미래의 일이라는 것을 몰랐을 리 없다. 그런데도 왜 많은 사람이 우주의 종말에 매료되어 이런 허구의 전설까지 지어내는 것일까?

천문학자들이 혜성이 지구로 날아들 확률을 계산해 세상의 멸망을 경고하는 넷플릭스 오리지널 영화 〈돈 룩 업Don't Look Up〉 (2021)처럼 한순간에 멸망하는 소름 끼치는 종말에 대한 공포를 우리가 완전히 떨칠 수 없기 때문이라고 생각한다. 경계에서의 접촉부터, 질서와 무질서, 파국과 세상의 종말까지 이야기하다 보니 '혹시 하늘에서 뭐 떨어지는 거 아니야?' 하고 나마저 위축되는 기분이 든다. 그러나! 우리가 살아 있는 동안 열죽음을 맞이할 확률은 0에 가깝고, 현재 알려진 바로는 100년 내에 지구와 충돌할 확률이 제일 높은 천체는 2095년에 지구에 근접하는 7미터 지름의 소행성 '2010 RF12'인데, 그 확률조차 5%에 불과하다(물론 이것은 자연적인 종말에 대한 이야기로, 인류의 자멸을 막는 것은 또 다른 문제다). 그러므로 열죽음이 아무리 피할 수 없는 숙명이라 하더라도 끊임없이 파국을 상상하며 허무주의에 빠질 필요는 없다. 내 동료 물리학자들 모두 열죽음에 대해 잘 알고 있지만, 그 때문에 잠을 설친다는 이야기는 한 번도 들어보지 못했으니. 그들이 여유로울 수 있는 것은 질서와 무질서 사이에는 열죽음에 대한 두려움을 잊어버릴 만큼 인간의 상상력과 의지를 자극하는 재미나는 일이 넘쳐나기 때문이다.

## 질서와 무질서 사이의 가능성

경계를 통해 스며들어 오는 외부의 영향(섭동)에 계가 반응하고, 그 반응의 영향이 다시 경계 밖으로 전해져 섭동이 되는 것을 두 계가 서로 영향을 주고받는 상호작용interaction이라고 하며, 상호작용이 한 번으로 끝나지 않고 지속되면서 나의 변화가 상대방을 변화시키고 상대방의 변화가 다시 나를 변화시키는 것을 피드

백feedback(되먹임)이라고 한다. 이 과정을 통해 새로운 환경에 꿋꿋하게 적응해 나가는 존재인 '복합적응계complex adaptive system'는 질서와 무질서 사이의 공간에서 균형을 잡아가며 흥미로운 패턴을 보인다.

과거의 정상상태로 회귀하지도 않고, 완전히 소멸되지 않은 채 새로운 현상이 나타나는 질서와 무질서 사이의 공간. 노먼 패커드Norman Packard(1954~)라는 물리학자는 그 경계면에 '혼돈의 모서리edge of chaos'라는 이름을 붙였다. 이후 사람, 생물체, 사회 등도 복합적응계라는 사실이 밝혀지기 시작했고, 혼돈의 모서리는 물리학 이론을 넘어 생태학, 경영학, 심리학, 정치학, 사회학 등의 다양한 분야에서도 자주 사용되는 개념으로 자리 잡으며 외부로부터 전해지는 자극과 충격을 극복하고 새로운 도전에서 해법을 찾도록 하는 유연성flexibility, 창의성creativity, 기민성agility 등의 원천으로 이해되고 있다.

새로움이 탄생하는 공간으로서의 '경계'를 생각하다 보니 자연스레 두 명의 걸출한 예술가가 떠오른다. 바로 프랑스 화가 클로드 모네Claude Monet(1840~1926)와 미국의 음악가 존 케이지John Cage(1921~1992)다.

모네는 인상주의의 창시자로 특히 '야외plein air'에서 인간이 감각하는 대로 자연의 모습을 그린 많은 작품을 남겼다. 예를 들어, 그의 1899년 작품 〈수련과 일본식 다리Water Lilies and the Japanese Bridge〉를 들여다보면, 모네의 인상주의가 당시의 미술에 왜 그토록 큰 충격을 주었는지 짐작할 수 있다. 모네는 외부의 자극(특히 일본 판화)을 적극적으로 받아들임으로써, 미술에서의 '경계'를 새롭게 정의했기 때문이다. 물리학적 관점에서 그림이란 빛깔을 띤 화소pixel들이 공간적으로 특별하게 배치된 결과물인데, 비슷한 빛깔의 화소가 큼지막하게 뭉쳐서 주변과 잘 구별되는 영역을 차지하고 있는 것을 우리는 '모양'이라고 부른다.

인상주의 그림이 등장하기 전까지 오랜 시간 동안 서양의 그림들은 기독교 종교화나 정물화처럼 주제와 배경의 경계가 뚜렷한 것이 특성이었다. 이탈리아 르네상스 문화의 중심지였던 피렌체의 우피치 미술관Galleria degli Uffizi에서 르네상스기의 화가이자 조각가인 미켈란젤로의 그림들을 감상할 기회가 있었다. 그중에서 마리아와 요셉, 어린 예수를 그린 〈성가족Doni Tondo〉 같은 작품은 한 컷의 컬러 만화를 보는 것처럼 명확한 색상적 대비와 경계를 보여주는 대표적인 사례였다. 모네의 그림과 비교해 보면 주제와 배경의 경계가 없이 빛깔들이 어지럽게 얽혀 있는 모네의 화풍이 얼마나 혁신적이었는지 쉽게 수긍할 수 있을 것이다.

모네는 변화에 적극적으로 대응함으로써 화가라는 존재를 새롭게 정의한 혁신가였다. 활발해진 외국과의 교류를 통해 이질적인 문화를 자신의 그림에 적극적으로 도입했고, 철도와 휴대용 물감 튜브의 발명에 힘입어 과거에는 갈 수 없던 곳들의 다양한 풍

클로드 모네, 〈수련과 일본식 다리〉. 모네는 일본 판화를 비롯한 외부의 자극을 적극적으로 받아들임으로써 미술에서의 '경계'를 새롭게 정의했다.

경을 직접 관찰하고 그리는 일을 주저하지 않았다. 자신의 스타일만을 고집하지도, 변화에 압도당해 길을 잃지도 않았던 '경계인' 모네는 새로운 세계를 개척해 나갔다. 모네처럼 새로운 화풍을 창시한 다른 유명 화가들의 그림들을 보아도 젊은 시절에는 당대에 유행하는 화풍을 착실히 따라가지만, 나이가 들어가며 서서히 자기만의 독창적 스타일을 확립해 가는 것을 알 수 있다. 이들을 기존 질서와 새로운 자극이 만나는 경계에서 뛰어난 적응력을 보인 복합계라고 볼 수도 있을 것 같다.

존 케이지는 이와 비슷한 일을 음악에서 이루어 냈다. 제2차 세계대전 이후 아방가르드 음악의 선두 주자로서 그는 악기들을 비표준적인 방법으로 연주하거나 악기 안에 새로운 부품을 끼워 넣는 등 끊임없이 새로운 실험을 했다. 그 가운데에서도 〈4′ 33″〉, 즉 '4분 33초'라는 제목의 곡은 그의 실험의 최고봉으로 알려져 있다. 제목처럼 악보상으로 4분 33초 동안 연주하게 되어 있지만, 실제로는 이 곡에 인위적으로 연주하는 음은 없다(연주자는 무대에 나와서 그냥 앉아 있을 뿐이다). '이것이 왜 음악인가?' 하는 질문에 케이지는 이렇게 답했다고 한다. "아무런 음도 연주되지 않는 공연장은 고요할 것 같겠지만, 사람의 신경계가 만드는 고주파음과 순환하는 피가 만드는 저주파음이 우리의 귀에 들어오기도 하고, 그 공간은 관객들의 숨소리, 기침 소리, 부스럭거림, 바람에 창틀이 흔들리는 소리, 천장에 떨어지는 빗방울 소리 등으로 가득 차

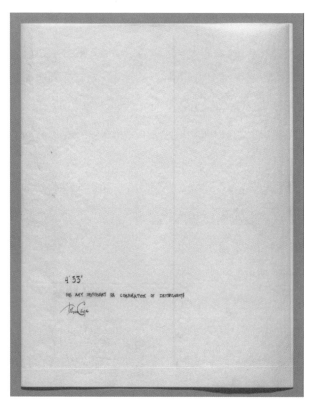

존 케이지, 〈4'33″〉 악보. 뉴욕 현대미술관(MoMA) 소장.
http://www.moma.org ©2013 John Cage Trust

있다." 즉, 〈4′ 33″〉은 악기를 연주하지 않을 뿐 관객으로 하여금 소리를 듣게 하는 음악이라는 것이다. 케이지는 연주자·악기·관객의 경계, 그리고 궁극적으로 음악과 자연이 만나는 경계에서 새로운 음악을 만들어 냈다.

## 혼돈의 모서리에서 어떤 선택을 할 것인가?

화가이신 나의 이모님에게 들은 목격담 하나. 이모님은 젊은 시절 프랑스 파리에서 유학을 했는데, 하루는 길거리에서 존 케이지와 미디어 아티스트 백남준(1932~2006) 씨가 건물 벽에 달걀을 던지는 퍼포먼스를 하고 있었다고 한다. 당시에는 그 퍼포먼스를 보며 저런 것까지 예술이라고 할 수 있는가 하는 의구심을 갖고 그저 별난 행동이라고 치부했지만, 20년이 더 넘게 지난 어느 날 불현듯 '아, 두 사람이 그날 예술을 재정의하고 있었구나'라는 깨달음에 충격을 받았다고 한다. 그러고 나서 주위를 둘러보니 이미 세상은 그날의 그들처럼 해괴한 퍼포먼스를 하던 사람들의 것이 되어 있었다고.

변화를 마주하는 것, 그리고 익숙하고 안락한 정상상태를 깨버릴 수도 있는 섭동을 겪는 것은 사뭇 두려움을 일으키기도 한다. 그러나 두렵다는 이유로 변화와 섭동을 피할 수는 없다. 변화로부터의 도피는 인간에게 허락될 수 없는 것, 허락되지 않아야 하는 것이라고 생각한다. 왜냐하면 인간의 존재 자체가 태초에 시간과 공간이 생겨난 빅뱅의 순간부터 지금까지 긴 시간 동안 우주라는 혼돈의 모서리에서 끊임없이 일어난 변화와 파국, 그리고 적응의 결과물이기 때문이다. 그렇지 않았다면 우주는 단순한 물질로만 가득 차 있을 뿐 인간처럼 놀라운 능력을 지닌 복합계는 존재하지 않았을 것이다.

인류 역사와 문명도 자연 그리고 스스로의 행위로부터 만들어진 끝없는 변화를 인류가 받아들이고 적응해 온 기록이고 산물이다. 경계를 흐리고 부수는 것을 두려워하지 않은 모네와 케이지가 새로운 문화를 만들어 냈듯이 미래는 지금의 우리가 질서와 무질서 사이의 경계에서 발견해야 할 새로운 길 위에 존재한다. 이를 위해 우리는 먼저 이 질문에 답해야 한다. 혼돈의 모서리에 기꺼이 올라타 스스로 미래를 개척해 나가는 능동적인 운전자가 될 것인가, 아니면 지속될 수 없는 정상상태의 허상을 부여잡고 마지못해 끌려가는 수동적인 승객이 될 것인가?

# 슈뢰딩거의 고양이는
# 살지도 않고 죽지도 않는다
## 양자역학과 경계 넘기

 '슈뢰딩거의 고양이'라는 말을 들어본 적이 있을 것이다. 커피 맛이 좋기로 유명한 오스트리아의 수도 빈 시내의 한구석에 있는 '카페 슈뢰딩거' 주인이 기르는 고양이가 유별나게 귀여워서 생긴 말은 물론 아니다. 하지만 그런 이름의 카페가 실제로 존재한다는 것을 눈으로 확인한 순간 나의 머리 한구석에서는 그런 실없는 상상이 떠올랐고, 다른 한구석에서는 오스트리아인들이 자국이 배출한 최고의 물리학자 에르빈 슈뢰딩거를 기념하고 있다는 사실이 반가웠다. 이 글에서는 슈뢰딩거에 의해 양자역학과 고양이가 한데 묶이게 된 배경에 대해 이야기해 보고자 한다.

오스트리아 빈에 있는 '카페 슈뢰딩거'. 오스트리아인들이 자국이 배출한
최고의 물리학자 에르빈 슈뢰딩거를 기념하고 있다는 사실이 반가웠다.
ⓒ박주용

## 신은 구슬치기를 하지 않는다

몇 해 전 세계적으로 최고의 인기를 구가한 드라마 〈오징어 게임〉에는 우리나라 1970~1980년대 풍경의 골목길에서 참가자들이 구슬치기로 서바이벌 경쟁을 하는 장면이 나온다. 작은 구덩이를 파놓은 흙바닥에 구슬을 던져서 구슬이 구덩이 안에 들어가 멈추면 그때까지 상대방이 던진 구슬을 모두 따먹는 것이 규칙이다. 당연하게도 올바른 판정을 내리려면 참가자들, 그리고 소니SONY의 가정용 게임기 플레이스테이션PlayStation의 컨트롤러가 연상되는 가면을 쓴 진행 요원 모두가 어떤 상태를 보고 '구슬이 구덩이 안에 들어가 멈춰 있는지 아닌지' 합의할 수 있어야 한다. 그리고 일상적인 경험에서는 구슬 같은 물체가 어딘가에 멈춰 있는지 여부를 판정하는 건 문제가 안 된다. 그러나 현대물리학의 근간인 양자역학에 따르면, 그 구슬이 구덩이의 어느 위치에 있다고 완벽하게 아는 것은 불가능하다. 조금 더 정확히 말하자면, 작은 양자들의 세계에서 그 구슬은 구덩이 안의 모든 지점에 어느 정도의 '확률'을 갖고 존재하는 도깨비다.

양자역학에서는 그 구슬의 위치가 마치 구덩이 양끝에 고정시킨 고무줄이 떨리면서 만드는 것 같은 물결 모양의 확률을 따른다고 이야기한다. 그 때문에 양자역학을 때때로 파동역학wave mechanics이라고 부르기도 한다. 그 물결의 모양은 구슬의 질량($m$), 구덩이의 폭과 깊이($V$)에 따라 결정되는데, 이를 정리한 것이 바

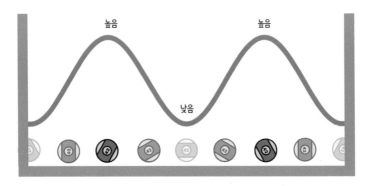

높음　　　　　　　　　높음

낮음

구덩이 안에 있는 구슬 위치의 양자역학적 확률.

로 다음과 같은 '슈뢰딩거 방정식Schrödinger's equation'이다. 슈뢰딩거
는 '파동역학'을 만든 공로를 인정받아 1933년에 노벨물리학상을
수상했다.

$$i\hbar\frac{d\phi(x,t)}{dt} = -\frac{\hbar^2}{2m}\frac{d^2\phi(x,t)}{dx^2} + V(x,t)\phi(x,t)$$

　비전공자에겐 동네 무당이 그려준 부적처럼 보이겠지만, 물
리학을 전공하는 학생들에게 슈뢰딩거 방정식은 대학 시절 가운
데 1년 이상 밤 늦게까지 씨름하는 일이 허다하고, 물리학의 기본
방정식 가운데에서 뉴턴의 운동 방정식, 아인슈타인의 상대성 방
정식보다도 훨씬 더 많은 시간을 함께 보내야 하는 기념비적 존

재다. 숙제 푼다고 종이 위에 슈뢰딩거 방정식을 쓰는 횟수도 웬만한 동네 무당이 평생 부적 그리는 횟수보다 많을지도 모른다. 현대물리학 연구가 곧 슈뢰딩거 방정식을 푸는 것이라고 해도 지나치지 않을 정도로 중요한 방정식이다.

슈뢰딩거 방정식의 $\phi(x,t)$가 바로 구덩이 속 구슬 위치에 따른 확률을 나타내 주는 함수다. 양자역학에서는 구슬이 여기에 있기도 하고 저기에 있기도 하다는 것을 '구슬이 각 위치에 존재하는 상태가 중첩되어 있다'고 표현한다. 이처럼 어떤 물체가 정확히 어떤 상태인지 알 수 없다는 이야기를 듣고 양자역학이 감히 인간 인식의 한계를 규정하려 한다며 불편해했던 아인슈타인이 "신은 주사위 놀이를 하지 않는다"라고 반발한 것은 아주 유명한 일이다(구슬치기는 하시려나? 하하). 슈뢰딩거 역시 그러한 양자역학의 문제점을 지적하고자 '슈뢰딩거의 고양이'로 알려진 상자 안에 있는 고양이의 생사에 대한 사고 실험을 고안하지만, 정작 그 고양이는 슈뢰딩거의 뜻과는 반대로 양자역학의 중첩 상태를 설명하는 대명사가 되어버리고 만다.

## 세계에서 가장 유명한 고양이

슈뢰딩거의 사고 실험은 다음과 같다. 상자 안에 ①고양이, ②독이 든 유리병, ③언제 붕괴할지 모르는 방사성 원자, 그리고 ④방사능 탐지기와 망치가 결합된 장치가 들어 있다. 방사성 원

슈뢰딩거의 사고 실험.

자가 붕괴하여 방사능이 탐지되면, 망치가 유리병을 깨트려 독에 의해 고양이가 죽게 된다. 그런데 양자역학에 따르면, 그 방사성 원자는 '붕괴한 상태'(고양이가 죽어 있음)와 '붕괴하지 않은 상태'(고양이가 살아 있음)가 중첩되어 있기 때문에 고양이도 살아 있기도 하고 죽어 있기도 한 상태라는 것이다.

　이러한 사연으로 인해 살아 있기도 하고 죽어 있기도 하게 된 슈뢰딩거의 고양이…. 양자역학이 아니더라도 도무지 진실을 알 수 없거나 앞뒤가 너무나도 다른 것에 대한 비유로서 이만큼 기발한 것이 또 있을 수 있을까? 학생 시절 친구들과 여기에서 하는 말, 저기에서 하는 말이 다른 정치인들을 '슈뢰딩거의 정치인'이라고 부르며 함께 물리학을 공부하던 친구들과 키득키득거리다가 왜 이 절묘한 표현이 더 널리 안 쓰이는지 의아해한 적이 있다 (그 이유는 아마도 앞뒤가 다르지 않은 정치인을 찾기가 더 어려워서 굳이 일일이 '슈뢰딩거의 정치인'이라고 부르지 않아도 되기 때문일 것이다).

전문가가 아니고서는 접근조차 어려워 보이는 복잡한 방정식을 만들었지만, 동시에 모두에게 친숙한 동물인 고양이가 등장하는 사고 실험을 고안했다는 점에서 알 수 있듯 슈뢰딩거는 물리학뿐 아니라 대중과의 소통에서도 탁월한 능력을 발휘했다. 또한 《자연과 그리스인Nature and the Greeks》, 《과학과 고전 연구Science and Humanism》처럼 학문의 경계를 넘나드는 다수의 저작을 남겼다.

## '아무런 격정 없이' 경계를 넘은 거장

매주 양자역학 과제를 풀어서 제출하기 바빴던 학생 시절에는 미처 알아보기 어려웠던 슈뢰딩거의 소통 능력이 과연 어디에서 나온 것인지, 그리고 그가 시도한 '경계 넘기'의 성과는 어느 정도였는지 나는 진심으로 궁금해졌다. 그에 대한 작은 실마리를 슈뢰딩거가 1956년 영국 케임브리지 대학교 트리니티 칼리지에서 강연한 내용을 정리한 《정신과 물질Mind and Matter》의 도입부에서 찾아볼 수 있었다.

> "세상은 우리의 감각, 지각, 그리고 기억이 만들어 낸 구성체다. 세상이
> 그 자체로서 객관적으로 존재한다고 받아들이는 것은 편리한 입장이다.
> 그러나 세상이 존재한다는 것과 우리에게 그 모습을 드러낸다는 깃은
> 별개의 일이다. 세상의 모습이 드러나는 것은 우리의 두뇌라는, 세상의
> 일부인 특별한 한 물체 안에서 벌어지는 특별한 과정으로 인해 비로소
> 가능해진다."

슈뢰딩거는 적지 않은 사람에게 우주의 기계적인 움직임을
남들보다 잘 계산하는 사람 정도로 인식되는 물리학자 가운데 한
명이었지만, 이처럼 외부 세계와 인간의 인식 사이의 관계에 대한
철학적 탐구를 멈추지 않은 사상가이기도 했다. 젊은 시절 슈뢰딩
거는 독일 철학자 아르투어 쇼펜하우어Arthur Schopenhauer(1788~1860)
의 인식론에 심취했고, 이에 영감을 받아 힌두교 철학을 대표하
는《우파니샤드》를 탐독하며 인간의 인식(주관)과 세계(객관)의 관
계에 대해 남달리 깊은 사색을 하는 과학자이자 사상가로 성장할
수 있었다고 한다.

슈뢰딩거가 또 다른 '경계 넘기'를 통해 양자역학의 탄생만큼
과학적으로 큰 영향을 끼친 사례는 1943~1944년에 걸쳐 진행된
동명의 강연을 엮은《생명이란 무엇인가?What is Life?》에서도 찾아볼

수 있다. 그가 서두에 스스로를 "순진한 물리학자naive physicist"라고 소개할 때는 혹시 생물학의 비전문가가 유명세를 이용해 아무 말이나 풀어놓는 게 아닌가 하는 의심이 들 수도 있다. 하지만 이 강연에서 슈뢰딩거는 그 말이 물리학이라는 '외부의' 원리를 갖고 오는 것에 대해 혹시나 생물학자들이 느낄지 모를 반감을 누그러뜨리려는 능숙한 소통 전략이 아니었을까 싶을 정도로 매우 뛰어난 전문가적 통찰을 두 가지 보여준다. 80년이 지난 지금까지도 이 통찰들은 여전히 생물학에서 큰 영향력을 발휘하고 있다.

첫 번째 통찰은 생명을 무질서도(엔트로피)가 증가하는 자연적 경향(열역학 제2법칙)을 거스르려는 일련의 과정으로 정의한 것이다. 무질서도가 증가한다는 것의 의미는 서가 정리를 하지 않는 도서관을 상상하면 쉽게 이해할 수 있다. 만약 책들을 꺼내 다시 순서대로 정리하지 않고 계속 내팽개치다 보면 궁극적으로 모든 것이 아무런 질서 없이 헝클어져 더 이상 도서관이라고 할 수 없게 된다. 이 상태를 물리학에서는 엔트로피가 극대화된 '열죽음'이라고 부른다고 앞에서 이야기한 바 있다. 슈뢰딩거가 생명을 열죽음과의 싸움으로 정의한 것은, 생명의 본질을 자연과의 상호작용으로 정립했다는 점에서 과학적으로 큰 의미가 있다.

두 번째 통찰은 양자역학에 기반하여 생명체의 발생과 성장 과정을 안내하는 일종의 '암호-대본code-script'이 세포 속에 비결정질의 대형 분자 형태로 존재할 수밖에 없음을 추론한 것이다. 그리고 슈뢰딩거의 이 통찰은 약 10년 뒤 제임스 D. 왓슨James D. Watson(1928~)과 프랜시스 크릭Francis Crick(1916~2004) 그리고 로절린드 프랭클린Rosalind Franklin(1920~1958)이 DNA의 이중나선 구조를 발견하면서 사실로 판명되었다. 실제로 크릭은 슈뢰딩거에게 "당신의 책을 참고했다"라고 말하며 연구의 영감을 슈뢰딩거로부터 받았음을 인정했다. 슈뢰딩거가 어린 시절부터 몸에 익혀온 '경계 넘기'의 자세가 '분자생물학molecular biology'의 탄생이라는 엄청난 결과를 가져온 것이다.

이처럼 거대한 혁명의 도화선이 된 강연 말미에 슈뢰딩거는 "sine ire et studio", 즉 "아무런 격정 없이" 물리학자의 순진한 가설을 풀어냈을 뿐이라고 말한다. 당시 유럽은 제2차 세계대전으로 피를 흘리고 있었고, 그는 나치를 비판했다는 이유로 고국에서 쫓겨나 타향을 전전하고 있었다. 극도로 혼란스러웠던 그 상황에 슈뢰딩거는 '경계 넘기'라는 어려운 일을 하면서도 자신의 철학과 신념에 대한 어떠한 홍보도, 포장도, 변명도 하지 않은 채 담담하게 또 다른 과학혁명의 터를 닦았던 것이다. 눈을 돌리는 곳마다 슈뢰딩거의 고양이가 숨어 있는 듯 혼란스러운 이 세상에서 지성인이라면 잊지 않아야 할 거장의 교훈이 아닐까?

# 위대한 과학자가
# 내 삶에 말을 걸 때
## 펜로즈와 호킹

매년 가을이 깊어갈 무렵 세계의 석학들은 혹시나 스웨덴 왕립과학원 노벨위원회로부터 자기를 찾는 전화가 오지 않을까 하는 생각에 잠을 설친다고 한다. 아직 과학 분야 노벨상 수상자가 없는 한국의 기자들은 외신에서 수상 가능성이 있다고 점치는 한국인 학자의 집 주변에 장사진을 치기도 한다. 그토록 영광스러운 노벨상을 타는 사람들은 도대체 어떤 사람들일까?

### 블랙홀의 존재를 규명한 과학자

2020년 노벨물리학상은 로저 펜로즈Roger Penrose 외 2인에게 수여되었다. 로저 펜로즈는 1957년 케임브리지 대학교에서 박사학위를 받고 라이벌 옥스퍼드 대학교에서 교편을 잡은 물리학자인데, 노벨위원회는 우리가 움직이고 살아가는 우주의 시공간에 대한 뛰어난 연구 업적을 인정하여 이 상을 주었다고 밝혔다. 과학계에서도 펜로즈의 업적은 시공간 분야에서 지금까지 인류 최대의 변혁이라고 일컫는 아인슈타인의 일반상대성이론(이하 일반상대론) 이후 최고의 업적이라는 평가를 받고 있다.

여기에서 잠깐! 일반상대론이나 펜로즈라는 이름을 처음 듣는 사람이라면 '나는 1년에 몇만 킬로미터의 거리를 잘 운전하면서 지각하는 일 없이 회사와 집을 잘 오가고 있는데 나 같은 사람에게 그 이름들이 무슨 의미인가?'라고 생각할 수도 있을 것 같다. 펜로즈를 아는 과학자들 사이에서나 변혁이니 최고이니 인정해 주면 되는 것 아닐까? 그런데 당신이 길을 잃거나 회사에 지각하지 않게 해주는 GPS를 태동시킨 과학이 바로 펜로즈의 전문분야인 일반상대론이므로 조금은 그에 대해 알아보아야 할 의무가 있다고 느껴보는 것은 어떨까?

근본적으로 일반상대론은 우리를 포함한 우주의 모든 물체가 어떻게 중력의 손아귀에 잡혀 있는지 설명해 주는 이론이다. 중력은 지구 표면에 있는 사람의 몸, 태양 주위를 도는 행성들, 은하계 주위를 도는 태양의 동선을 지배하는 힘으로서, '성간매질interstellar medium'이라고 하는 우주에 떠 있는 물질로부터 생겨난 별이 스스로의 무게로 인해 찌부러지는 순간까지 별의 일생을 좌우한다. 또한 중력은 아주 무거운 물체 주변 공간을 비틀고 시간이 천천히 흐르게 만든다. 그 물체의 무게가 계속 커지다 보면 그에 따라 공간과 시간은 더욱더 비틀어지고 느려지다가 끝내 그 어느 누구도 빠져나올 수 없는 극한의 심연이 되어 나머지 우주로부터 떨어져 나가기도 하는데, 이것이 바로 '블랙홀black hole'이다.

무거운 별일수록 주변 물체를 끌어들이는 힘이 커지므로 빛조차 빠져나올 수 없을 만큼 무거운 '어둠의 별'이 있을 수 있다는 엉뚱한 생각을 한 것은 18세기 영국의 존 미첼John Mitchell (1724~1793)과 프랑스의 라플라스가 먼저였고, 아인슈타인이 일반상대론을 내놓으며 인류가 블랙홀이 정말로 존재할지도 모른다는 믿음을 갖게 된 것은 그로부터 100년이 넘게 지난 후였다. 그러나 그 이후로도 오랫동안 블랙홀은 아인슈타인 방정식을 통한 한 가지 엉뚱한 예측일 뿐 실제로 존재할 수는 없다는 의견이 여전히 팽배했다.

펜로즈에게 노벨상을 안겨준 것은 이 블랙홀이 실제로 어떻게 만들어질 수 있는지를 규명하고, 블랙홀 안에는 무한한 밀도로 인하여 시간과 공간이 더 이상 존재하지 않는 '특이점singularity'이 반드시 존재한다는 사실을 밝혀낸 연구다. 매일 숨 쉬는 공기와 같이 우리가 당연하게 받아들이는 시간과 공간이라는 것이 우주 어딘가에서는 아예 없어져 버릴 수 있다는, 상상하기조차 어려운 사실을 증명한 사건은 펜로즈의 모국어인 영어로 '마인드 블로잉mind blowing'이라고 할 만한, 즉 '머리가 날아가 버릴 것 같은' 충격이었을 것이다.

## 펜로즈, 호킹과의 조금 특별한 만남

펜로즈의 특이점 연구는 내가 태어나기 훨씬 전인 1960년에 이루어졌고, 내 학창 시절 펜로즈는 이미 인간계를 초월해 있는 스타 같았다. 어느 날은 대학원 동료가 도서관에서 빌려 온 책을 한 권 보게 됐는데, 특이하게도 저사의 성이 펜로즈였다. 순간적으로 로저 펜로즈가 떠오르긴 했지만, 성이 같은 사람이겠거니 하고 말았다. 때마침 나를 찾아 연구실에 들어오신 지도교수님이 그 책을 보고 "내 사촌이 쓴 책이네"라고 말씀하셨지만, 그것도 그저 신기한 우연이네 싶었다. 그런데 교수님이 이어서 "로저 펜로즈라는 사람 알지? 그 사람 아들이야"라고 하셨다. 그러니까 나는 로저 펜로즈를 삼촌으로 둔 분을 스승으로 모시며 지도받고 있었던 것이다. 나의 '펜로즈 넘버'가 2라는 사실(나와 펜로즈 사이에 교수님이 한 분 계시므로 사회적 거리가 2라는 뜻)에 얼떨떨한 상태로 앉아 있는데 삼촌 이야기를 이어가시던 교수님.

로저 펜로즈는 블랙홀 말고도 '펜로즈 타일'이라고 불리는, 하나하나 맞춰 바닥에 깔다 보면 영원히 반복되지 않는 패턴도 만들 수 있는 기발한 모양의 타일을 고안한 것으로도 유명하다. 그런데 교수님이 어렸을 때 펜로즈가 이 타일 조각 수십 개를 나무로 깎아 와 자기 앞에 쫙 펼치더니 설명하기 시작했다고 한다. 이 말을 들은 나는 "아, 이 집안은 정말 대단하구나. 저런 유명한 개념을 직접 배울 수 있다니" 싶은 부러움 반 놀라움 반의 상태였는데 교수님은 투덜거릴 뿐이었다. "아니, 열 살 먹은 어린 조카를 앉혀놓고 그런 어려운 개념을 설명하려 들다니, 믿어지냐?" 이 순간 내게 로저 펜로즈는 우주와 무한에 대한 위대한 발견을 했던 초인과 같은 사람에서 어린 조카의 눈에 영락없이 허풍쟁이로 보이는 삼촌이 되어버렸다. '위대한 과학자'라는, 남들이 붙여준 수식어에 가려진 천진한 얼굴이 보이는 듯했다.

시간이 흘러 펜로즈의 노벨상 수상 소식을 듣자 내 머릿속에는 이 기억과 함께 물리학자 스티븐 호킹Stephen Hawking (1942~2018)이 떠올랐다. 호킹은 펜로즈와 함께 블랙홀과 특이점에 대해 연구하여 '펜로즈-호킹 특이점 정리'를 증명한 사람인데, 온몸의 운동 신경이 죽어가는 루게릭병과 싸운 것으로도 잘 알려져 있다.

케임브리지 대학교는 교육과 숙식을 함께하는 기숙사 공동체의 개념을 가진 칼리지college들의 연합체다. 호킹은 그 가운데에서도 구성원이 적고 건물도 작은 편인 곤빌 앤드 키즈Gonville and Caius 칼리지의 펠로fellow(회원)로서 교정에 수수한 팻말이 달려 있는 한 구석에서 연구를 했다. 2018년 내가 방문 교수로 케임브리지 대학교에 머물던 어느 날 호킹의 부고와 함께 원하는 사람은 곤빌 앤드 키즈의 채플에서 그를 추모할 수 있다는 소식이 날아왔다. 평소에 인적 드물고 조용하기만 한 작은 곤빌 앤드 키즈의 교정 안이 굳은 얼굴의 사람들과 방송사 카메라들로 가득 메워지는 진풍경을 거쳐 채플에 들어서니 펜과 방명록이 놓여 있었고 사람들은 묵념을 한 뒤 그 공책에 정성스럽게 무언가를 적고 있었다. 내 차례가 되었을 때 나도 모르게 앞사람이 쓴 글을 읽었다. "당신의 삶은 나에게 큰 영감이 되었다. 고난 앞에서 굴하지 않는 당신의 모습 덕분에 매일매일 용기를 얻었다. 언제나 고마운 마음으로 당신의 안식을 위해 기도할 것이다"라는 내용이었다. 그 글은 내게 적잖은 충격을 주었다. 우러러보는 과학자라는 이미지에 짓눌린 상투적인 추도의 글이 아니라, 호킹이 한 인간으로서 자기 삶에 어떠한 의미가 있었는지 고백하는 아주 개인적이고 친밀감으로 가득 찬 글이었기 때문이다.

## 노벨상 수상자의 이름보다 중요한 것

케임브리지 대학교는 1209년 옥스퍼드 대학교에서 박해를 피해 도망온 학생들에 의해 세워졌다. 800년 역사가 곳곳에서 고풍스럽게 묻어나는 케임브리지는, 인류 역사상 최초의 전 지구적 질서인 '팍스 브리타니카Pax Britannica'를 일궈내고 오늘날에도 세계적으로 맹위를 떨치는 영국 과학과 문화의 브랜드 그 자체다. 그게 어느 정도냐면 이야기의 주인공인 펜로즈나 호킹 말고도 케임브리지에서 수학했거나 일했던 세계적 명사들 가운데 내 머릿속에서 그 이름과 대표적인 업적이 술술 흘러나오는 사람의 일부만 모아도 다음과 같다.

물리학: 아이작 뉴턴, 제임스 클러크 맥스웰

생물학: 찰스 다윈, 제임스 왓슨, 프랜시스 크릭, 로절린드 프랭클린

수학: 찰스 배비지, 앨런 튜링, 조지 그린

문학: C. S. 루이스, 블라디미르 나보코프, 더글러스 애덤스, 실비아 플라스

철학: 버트런드 러셀, 루트비히 비트겐슈타인


들어본 이름이 많을 것이라고 생각한다(참고로 록밴드 핑크 플로이드Pink Floyd의 시드 배럿Syd Barrett은 케임브리지 대학교는 아니고 그 동네 출신이다). 영국 사람들이 저 저명한 이름들을 동료 시민으로 생각할 수 있는 것이 단지 한국은 아직도 목 빠지게 기다리고 있는 노벨상 수상자가 즐비한 덕분에 생긴 여유일까? 우리도 매년 가을 하루 이틀 누가 노벨상을 받을지 관심을 갖다가 잊어버리는 풍경을 반복하기보다는 과학자들을 마음속에 들여서 그들을 인간적으로 이해해 보는 건 어떨까? 그들이 만드는 새롭고 재미난 미래의 풍경이 우리 개개인의 삶에 더 큰 의미를 갖게 하기 위해서 말이다.

# 현대미술은
# 대체 왜 그럴까?

## 고정관념과 예술성

우리는 익숙함이 주는 편안함을 갈망한다. 때때로 새로움이 가져다주는 색다른 느낌을 즐기기도 하지만, 내일이 오늘과 모든 면에서 다르기만 하다면 길을 잃은 과객처럼 피로해질 것이다. 하지만 다행히도 세상은 천천히 변화하기 때문에 오늘은 어제와 크게 다르지 않으며, 내일도 오늘과 크게 다르지 않을 것이다. 우리가 "하늘 아래 새로운 것은 없다"라든지 "역사는 반복된다" 같은 표현을 곧잘 쓰는 것은 그 때문이다. 그런데 이 표현들 역시 진실은 아니다. 역사가 반복되기만 하고 하늘 아래 세상이 언제나 똑같다면 우리는 100년 전과 똑같이 살고 있었을 것이고, 100년 뒤의 후손도 우리와 똑같이 살게 될 테니 말이다.

## 미래는 운율을 맞추며 온다

영어권에서는 종종 "역사는 반복된다"보다 조금 더 미묘한 뉘앙스를 풍기는 "역사는 그대로 반복되지 않지만, 각운을 맞춘다(History does not repeat itself, but it rhymes)"라는 표현이 사용된다 (미국 소설가 마크 트웨인Mark Twain이 남긴 말로 알려져 있다). 영어권에서는 시와 노랫말의 각운을 맞추는 것이 일반적이기 때문인 듯하다. 예를 들어, 내가 좋아하는 영국 출신 포크 가수 캣 스티븐스Cat Stevens(1948~)가 부른 〈Morning Has Broken〉의 가사는 다음과 같다.

Sweet the rain's new fall, sunlit from Heaven

(달콤히 내리는 첫비, 천국에서 비추는 빛)

Like the first dewfall on the first grass

(들판의 새싹에 처음 맺힌 이슬처럼)

Praise for the sweetness of the wet garden

(촉촉히 젖은 정원 그 달콤함을 찬양하자)

Sprung in completeness where His feet pass

(님의 발길 지나간 자리에서 온전히 자라난)

"Heaven"은 "garden"과, "grass"는 "pass"와 각각 각운이 맞지만, 가사의 내용은 달라진다. 트웨인은 각운이 맞는 가사처럼 역사가 여러 시대에서 비슷비슷한 모습을 띠기는 하지만, 그 내용까지 똑같지는 않으므로 미래는 언제든 우리를 놀라게 할 변화의 잠재력이 있다는 점을 지적하려고 했던 것 같다. 이렇게 미묘한 반복과 차이를 무시한 채 "역사는 반복된다", "하늘 아래 새로운 것은 없다"라고 단언하는 태도는 두 가지 위험성을 내포한다.

첫째, 끊임없이 새로운 것을 찾아내는 인간의 창의성에 눈을 감게 하고, 자연이 창의성의 발현을 뜻하지 않게 도와주는 '행운의 우연성'을 인지하지 못하게 한다. 둘째, 새로움을 향한 의지를 꺾어 '고정관념=진리'라는 낡은 사고를 공고하게 한다. 사실 나 역시 명색이 인간의 창의성을 고민하고 미래를 논하는 사람으로서 부끄럽게도 내 낡은 인식과 편견을 깨달은 일이 있었다.

### "참 편하게 사네, 그치?"

학생 시절, 나는 서울의 한 미술관에서 벽면을 가득 채운 로이 릭턴스타인Roy Lichtenstein (1923~1997)의 〈쾅!WHAAM!〉을 보고 '팝아트Pop Art'라는 현대미술에 눈과 마음을 빼앗겨 버렸다. 그 순간 내가 느꼈던 기분 좋은 자극은 내가 처음 미술을 마음으로 이해한 경험 아니었을까? 팝아트는 1950년대부터 영국과 미국에서 태동하여 만화, 광고, 그리고 일상에서 흔히 볼 수 있는 대중적 상품의 맥락을 지우고 여러 이미지를 결합함으로써 현실을 풍자한 예술작품들을 일컫는다. 가판대에서 판매되는 잡지에 있을 법한 만화를 미술관의 거대한 벽면에 채워 넣은 릭턴스타인이나, 미국 대

량생산 식품의 상징이라고 할 수 있는 캠벨수프 통조림을 활용한 앤디 워홀의 작품들은 1980년대 이후 소비문화의 시대에 '아니메ㄱニㄨ'를 탐미하며 성장한 나를 매혹시켰다. 그런 나에게 현대미술과 예술영화 신scene의 중심인 뉴욕 MoMA(현대미술관Museum of Modern Art)를 방문하여 보낸 시간은 황홀경 그 자체였다.

참 아이러니하게도 그렇게 좋아하던 팝아트기 나로 하여금 현대미술에 대한 깊은 의구심을 갖게 한 일이 발생했다. 몇 년 뒤 대학원생이 된 나는 앤디 워홀 특별전이 열린다고 해서 학교 미술관에 들러 앤디 워홀이 친필 사인을 한 캠벨수프 통조림 실물을 보았다. 유리로 만들어진 케이스 안에 신줏단지 모시듯 소중히 전시된 그것은 앤디 워홀의 사인만 빼면 영락없는 캠벨수프 통조림이었다. 함께 갔던 연구실 후배와 이런 말을 주고받은 기억이 난다. "참 편하게 사네, 그치?(He's got it easy, huh?)"

나는 왜 갑자기 김이 빠져버린 걸까? 박봉을 받으며 힘들게 논문을 쓰던 대학원생의 자조였을까? 현대미술이라고 해도 이미지의 변형, 실제 실크스크린 인쇄, 눈길을 끌도록 하는 미술관 벽면 설치 같은 노력은 있어야 한다고 생각했던 나로서는 손을 놀려 사인을 하는 것만으로 '창작'을 끝낸 워홀의 모습이 마음에 들지 않았던 것 같다. 사실 현대미술은 비슷한 질문을 적지 않은 사람들로부터 듣고 있긴 한다. "이런 건 우리 애도 그리겠는데?", "너무 멀리 간 거 아니야?"부터, 짧게는 "이게 뭐야?"까지. 그 작품들이 수백억 원의 값으로 팔려나갈 때 많은 사람이 고개를 갸우뚱하기도 한다. 몇 초라도 제대로 보려면 파리 루브르 박물관에서 몇 시간씩 긴 줄을 서서 기다려야 하는 〈모나리자〉의 이른바 '세상에서 가장 아름다운 미소'처럼 우리에게 익숙한 고전적이고 얌전한 아름다움과는 거리가 멀기 때문이다.

## 무엇이 예술을 만드는가?

19~20세기에 고전적인 아름다움과 전통적인 예술의 가치가 해체된 분야는 미술뿐만이 아니었다. 음악도 비슷한 일을 겪었다. 이고르 스트라빈스키 Igor Stravinsky(1882~1971)가 1913년 파리에서 불협화음과 새로운 리듬감으로 가득 찬 발레 〈봄의 제전〉을 초연하면서 사람들에게 충격을 준 일을 현대음악의 시작으로 보기도 하는데, 그날 파리의 길거리는 신성하고 아름다운 음악을 파괴했다며 분노한 시위대로 가득했다고 한다.

기존 미감의 파괴와 전통에 대한 도발을 특징으로 발전하던 20세기 현대음악의 역사 또한 1969년 카를하인츠 슈토크하우젠 Karlheinz Stockhausen(1928~2007)이라는 독일 작곡가로 인해 벌어진 '프레스코 스캔들'과 같은 이야기로 가득하다. 기괴하고 난해하기 짝이 없는 슈토크하우젠의 지시문을 본 연주자들은 "잘리기 싫어서 연주한다"라는 말을 공공연히 했는데, 결국 5시간으로 예정됐던 합주에서 1시간 정도가 지나자 하나둘 자리를 뜨기 시작했다고 한다. 또 듣기 쉽지 않은 기괴한 소리로 가득 찬 공연에서는 노인 여성 관객이 무대 위로 올라가 연주자들을 지팡이로 내려치며 "그만 좀 하라고!"라며 역성을 냈다는 이야기도 전해진다. 오늘날 '아이들이 마구 그려댄 것 같아서' 미술 같지 않은 미술이, 그리고 '조화로운 멜로디가 하나도 없어서' 음악 같지 않은 음악이 큰 인기를 끄는 현실이 쉽사리 이해되지 않는 이유는 다음의 둘 가운데 하나가 아닐까 싶다.

1. 이런 것에 돈과 시간을 들이는 사람들이 잘못됐다.
2. 이런 것의 가치를 이해하지 못하는 내가 잘못됐다.

'이 사람 편하게 산다', '우리 애도 그리겠다', '너무 멀리 간 것 아닌가?' 하는 생각은 1번 인식에서 비롯되었을 것이다. 앤디 워홀이 서명한 캠벨수프 통조림을 보고 내가 보였던 반응도 같은 종류다. 그런데 그로부터 10년이 훌쩍 지난 뒤 지인과 현대미술의 가치를 주제로 나눈 대화 끝에 나의 인식이 틀렸을 수도 있다고 생각하게 되었다. 오랜만에 늦은 시간까지 술과 음식을 즐기며 예술, 과학, 그리고 그것들의 가치에 대해 중구난방 이야기하던 그 자리에서 나온 결론은 예술의 가치를 정해진 기준으로 이해하려고 힘쓰는 것은 무의미하다는 것이었다. 그 결론은 내가 나의 가치관대로만, 나의 방식대로만 예술을 이해하려다 그 가치를 알아보지 못하는 우를 범하고 있었다는 생각을 하게 했다.

그다음 날 나는 윌 곰퍼츠Will Gompertz(1965~)가 쓴《발칙한 현대미술사What are you looking at?》라는 책을 집어 들고 읽기 시작했다. 1850년대부터 시작된 현대 미술사를 풀어놓은 그 책의 영어판 표시에 있는 캠벨수프 통조림을 보고서는 이 순간 이처럼 나에게 필요한 책이 또 어디 있겠는가 하는 생각이 들어서였다. 유럽을 문화적·정신적으로 지배했던 교회나 돈 많은 귀족에게 주문받은 그림을 그려주는 것이 곧 미술이었던 시기를 벗어나 지금의 현대 미술이 모습을 갖춰가는 역사를 훑어가는 동안 나의 인식은 서서히 변화하기 시작했다.

캠벨수프 통조림에 서명한 앤디 워홀이나 기성품인 소변기를 엎어버린 마르셀 뒤샹Marcel Duchamp(1887~1968)의 '창작'이 예술인 까닭은 그것이 누구도 따라 할 수 없는 어려운 물리적 행동이어서가 아니라, 그러한 행위가 갖는 의미가 남달랐기 때문이다. 즉, 물이 새지 않도록 정밀하게 다른 배관들과 맞추어 튼튼하게 설치해야 한다는 규칙을 지킬 때만 존재의 의미가 있었던 소변기를 그러한 제약에서 해방시켜 버리거나, 통조림 광고를 미술관이라는 특별한 공간에 전시했다가 다시 실물로 만든 엉뚱하지만 창의적인 행위가 그것들을 예술작품으로 만들어 낸 것이다. 이처럼 우리는 쉴새 없이 '가치'를 만들고 찾아내는 존재들이다.

# 큐브릭의 영화와
# 리게티의 음악이 만났을 때
## 영화와 음악

영국 태생의 영화감독 스탠리 큐브릭Stanley Kubrick(1928~1999)은 긴 경력에 비해 남긴 작품이 많지 않다. 하지만 큐브릭은 〈킬러의 키스Killer's Kiss〉(1955)와 같은 필름누아르film noir(독일 표현주의에 영향받아 할리우드에서 시작된 냉소적인 분위기의 범죄 영화 장르), 〈스파르타쿠스Spartacus〉(1960) 같은 대규모 역사극, 그리고 소설가 블라디미르 나보코프Vladimir Nabokov(1899~1977)가 쓴 동명의 소설을 영화화한 〈롤리타Lolita〉(1962) 같은 문제작 등 거의 모든 작품이 상업적·예술적으로 성공을 거둔 진정한 과작의 거장이다.

### 큐브릭 영화의 영원한 빛
그중 그를 현대 SF의 최고봉에 올려준 작품이 있었으니 바로

1968년에 개봉한 〈2001: 스페이스 오디세이〉다. 작가이자 미래주의자인 아서 C. 클라크Arthur C. Clarke(1917~2008)의 원작을 영화화한 이 작품은 아주 먼 옛날 원시시대의 (아직 유인원의 모습을 하고 있는) 인류와, 지구와 달 사이에 우주정거장을 설치하고 자유롭게 우주를 여행할 수 있게 된 2001년의 인류가 신비한 검은 기둥인 '모노리스'를 접하면서 겪는 문명 변혁에 대한 이야기를 담고 있다. 1990년대까지만 해도 2001년 1월 1일이 되면 저절로 우주복을 입고 우주로 날아가게 될 줄 알았던 사람이 많았던 것을 떠올려 보면 이 영화가 인류의 의식에 얼마나 큰 영향을 주었는지 가늠할 수 있다. 아쉽게도 1968년에 예측했던 것과 달리, 아직까지도 억만장자가 아닌 이상 우주를 여행하는 것은 불가능에 가까운 일이지만 말이다.

어느 날, 달의 크레이터(운석 충돌로 생긴 분화구 모양의 지형)인 '타이코' 근처에서 근원을 알 수 없는 거대한 모노리스가 발견되자 인류는 곧장 연구원들을 보내 조사를 시작한다. 무려 400만 년 전부터 존재했던 이 불가사의한 존재를 향해 우주복을 입은 연구원들이 달 표면에서 한 걸음씩 나아가는 장면에서, 큐브릭은 아무 소리도 전달될 수 없는 그 진공의 공간을 아주 기가 막힌 음악으로 표현했다. 그 음악은 바로 헝가리 태생의 죄르지 리게티György Ligeti(1923~2006)가 작곡한 〈룩스 에테르나Lux Aeterna〉('영원한 빛')다. 이 곡은 리게티의 '마이크로폴리포니micropolyphony'가 쓰인 대표적인 작품이다. 마이크로폴리포니란 여러 선율이 동시에 연주되며 주기적으로 모이고 흩어지는 기법을 말한다. 악기 소리 없이 사람의 목소리로만 된 선율들이 어떨 때는 각자의 리듬을 따르고, 어떨 때는 한순간에 모여서 고막을 강하게 때리는 〈룩스 에테르나〉는 마치 미지의 초월적인 존재를 만나러 가는 연구원들의 긴장된 심장박동 소리 같기도 하고, 감히 접근하지 말라고 경고하는 초월적인 존재들의 목소리 같기도 하다. 끝내 그 목소리를 거슬러 모노리스에 다다랐을 때 울려 퍼지는 고주파음에 연구원들이 머리가 터질 듯 괴로워하는 장면은, 많은 사람으로부터 영화 역사상 제일 큰 경외감과 공포감을 느끼게 하는 최고의 명장면으로 꼽히기도 한다. 우주가 탄생한 빅뱅의 순간부터 존재해 온 태고의 빛(비록 사람 눈에는 보이지 않지만 전 우주를 채우고 있는 이 에너지를 '우주배경복사'라고 한다)인 '룩스 에테르나'를 이보다 더 잘 표현한 영상과 소리의 조합이 있는지 모르겠다.

큐브릭과 리게티의 합작은 그로부터 30년이 지난 1999년에 큐브릭이 "영화라는 예술에 내가 남기는 최고의 공헌"이라고 말한 그의 유작 〈아이즈 와이드 셧Eyes Wide Shut〉에서 다시 한번 이뤄진다. 오스트리아의 작가 아르투어 슈니츨러Arthur Schnitzler(1862~1931)의 소설 《꿈의 노벨레Traumnovelle》(1926)가 원작인 이 영화는 나른하고 익숙한 현대의 일상에서 탈선해 마음속의 은밀한 욕망이 이끄는 곳으로 가보고 싶어 하는 인간의 관음적 심리를 그린 스릴러다. 탈선의 설렘과 두려움을 표현하기 위해 큐브릭은 또 한 번 리게티의 음악을 사용했다.

주인공 빌은 반복되는 삶 속에서 어느 날 기묘한 일을 목격하고, 호기심에 이끌려 어느 성 같은 저택에 잠입한다. 이곳에는 가면을 쓴 사람들이 마치 중세의 비밀조직처럼 어떤 의식을 행하고 있다. 빌은 곧바로 이들에게 발각되고, 의식이 거행되는 제단의 한가운데로 끌려가 심문을 받게 된다. 만약 인간을 희생양으로 바치는 이교도들의 의식이라면, 주인공 빌의 욕망이 그를 죽음에 이르게 할 것이므로 이 장면에서는 깊은 긴장감이 흐른다. 한 번이라도 자신만의 탈선을 꿈꿔본 적이 있다면, 이 장면에서 관객은 〈2001: 스페이스 오디세이〉에서 미지의 모노리스를 향해 연구원들이 걸어가는 장면에서처럼 숨을 죽이고 빌의 운명을 지켜볼 수밖에 없을 것이다.

이 장면에서 리게티의 피아노 독주곡 〈무지카 리체르카타Musica Ricercata〉 2번이 울려퍼지며 긴장감 가득한 공기를 찢어버릴 듯 연속된 타건으로 두근거리는 심장박동 소리를 흉내 낸다. 총 10개의 곡으로 이루어진 〈무지카 리체르카타〉를 만드는 동안 리게티가 주창했던 엑스 니힐로ex nihilo('완전히 새로운 기반에서 만든다'는 뜻의 라틴어) 정신을 보여주는 듯 이 곡은 우리가 아는 그 어떤 곡들과도 다른 인상적인 느낌을 준다.

## 원작자의 의도라는 무게

영화의 화면과 음악이 이렇게 환상적으로 완벽하게 어울리는 장면을 보고 처음에는 당연히 큐브릭과 리게티가 함께 작업했을 것이라고 생각했다. 하지만 〈2001: 스페이스 오딧세이〉에서 큐브릭이 리게티에게 허락받지 않고 그의 음악을 사용했다는 사실은 잘 알려져 있고, 〈아이즈 와이드 셧〉이 만들어지던 1999년은 〈무지카 리체르카타〉가 작곡된 지 45년이나 지난 시점이었으니 큐브릭이 자신의 영화적 상상력에 맞는 곡을 마음대로 골라 썼을 가능성이 더 높았다. 그럼에도 나는 큐브릭의 연출이 그와 시공간적으로 멀리 떨어져 있었던 리게티의 작곡 의도와 어떤 연관성이 있지 않을까 항상 궁금했다.

그 의문에 대한 답은 매우 뜻밖의 것이었다. 〈리체르카타〉의 공기를 찢는 듯한 타건 소리에 대해 리게티가 "그것은 내가 스탈린의 심장에 거푸 내리꽂는 칼날이었다"라고 증언하는 것을 보게 되었기 때문이다. 〈아이즈 와이드 셧〉에서 욕망에서 비롯된 파국 앞에서 느끼는 불안과 긴장을 더할 나위 없이 잘 표현했던 그 음악은 사실 청소년기에 어머니를 제외한 온 가족을 히틀러의 유태인 대학살로 잃는 비극을 겪고, 곧바로 살아남기 위해 소련의 독재자 이오시프 스탈린(1875~1953)에 의해 수천 명이 잔인하게 죽은 고국으로부터 도망쳐야 했던 리게티의 아픔을 표현한 것이었다.

큐브릭의 연출 의도와 리게티의 작곡 의도가 그렇게도 달랐다는 것을 알게 된 이후 그 함의를 이해하기 위해 많은 시간을 고민했다. 귀에 익숙한 고전음악과 달리 현대음악은 '이해하기 어렵다'는 생각이 들 때가 이미 적지 않은데, 게다가 만든 사람과 쓰는 사람이 완전히 다른 이야기를 하고 있었으니 말이다. 동시에 이런 의문도 들었다. 반드시 만든 사람의 의도를 받아들여야만 그 음악을 올바로 듣는다고 할 수 있는 것일까? 혹시 '어려운' 현대음악이라고 생각하며 주눅이 드는 바람에 '들리는 대로, 느끼는 대로' 받아들일 수 있는 감상자의 자유를 누리지 못하고 있는 것은 아닐까? 큐브릭으로 하여금 최고의 명장면을 만들 수 있게 했던 그 자유를?

## 다시 리게티의 음악을 만나다

쉽게 풀리지 않는 고민으로 아주 긴 시간을 보내온 내게 2023년 4월 서울시향에서 피아니스트 피에르로랑 에마르Pierre-Laurent Aimard(1957~)와 함께 리게티의 피아노 협주곡을 공연한다는 소식이 전해졌다. 〈2001: 스페이스 오딧세이〉와 〈아이즈 와이드 셧〉에서 온몸을 휩쌌던 그 긴장감이 다시 생생히 떠오르면서 그 기회를 놓치고 싶지 않았다. 나는 곧바로 표를 구해 며칠 뒤 설렘 반, 걱정 반으로 공연장을 찾았다.

긴 시간 간직해 온 의문에 대한 답을 얻을 수 있지 않을까 하는 기대를 품고 도착한 공연장. 마침내 에마르의 타건과 함께 리게티의 음악이 시작되자 영화와 같은 아름다운 영상과 흥미진진한 이야기가 동반되지 않아서 그의 음악을 즐길 수 없다면 어떻게 하나 싶은 걱정도 있었다. 하지만 다행히도 23분 정도 되는 연주 시간 동안 눈앞에 펼쳐진 광경은 그것이 기우였다는 것을 증명이라도 하려는 듯 나를 기대 이상의 황홀경으로 빨아들였다. 선두에 선 피아노를 따라 현악기와 관악기가 모두 타악기가 되어 춤을 추고 있는 것 같았고 바이올린과 첼로 연주자들은 현을 켜는 만큼이나 쉴 새 없이 악기를 두들겨 대자 관악기 연주자들도 그에 맞추어 하늘로 쏘아지는 발사체들처럼 끝없이 짧은 소리들을 내며 호응하고 있었다. 우리에게 익숙한 고전음악과는 다른, 새로운 소리를 마음껏 내는 연주자들을 보며 마음속으로 춤을 추는 나 자신의 모습을 발견했다. 왜 사람들이 리게티를 유려하고 부드러운 멜로디의 고전음악 전통과 구분되는 현대음악의 대표 작가라고 말하는지 다시 한번 수긍하게 되는 경험이었다. 특히 남들이 뭐라고 하든 상관없이 내 마음대로, 내 느낌대로 음악을 들을 수 있다는 사실은 눈앞에서 펼쳐지는 새로운 소리의 향연에 또 다른 한 층의 희열을 덧칠해 주었다.

그런데 아니나 다를까, 그렇게 신나 하고 있던 나와는 분명히 다른 생각을 하는 관객들도 있었다. 품격 있는 밤을 위해서인지 아주 잘 차려입고 나의 앞줄에 앉아 있던 관객 두 분은 낯선 음악이 연주되는 동안 꽤 고통스러웠는지 서로를 보며 "잘 모르겠다"라는 말을 반복하고, 수시로 전화기를 꺼내 시간을 확인했다. 그래도 가방에서 음료수까지 꺼내 마시며 끝나는 순간까지 어떻게든 버티려 하는 매너는 존경스러웠지만.

황홀했던 23분간의 연주가 악단의 강렬한 사자후와 함께 끝나는 순간, 내가 "우와!" 하면서 환호하자 두 분은 고개를 돌려 '저게 정말 좋았단 말이야?' 하는 듯한 어리둥절한 눈빛으로 나를 쳐다보았다. 그 순간 나 또한 눈빛으로만 '응, 정말 좋았어'라고 답할 수밖에 없었지만, 속으로는 큐브릭의 작품에서 처음 리게티를 만난 순간부터 그 순간까지 간직해 온 내 이야기를 들려주고 싶은 마음이 들었다. 공연이 끝나자 도망치듯 빠르게 공연장을 벗어난 그분들에게 이야기해 줄 기회는 없었지만, 독자분들께는 이야기하고 싶다. 음악은 귀로만 듣는 것도, 머리로만 이해하는 것도 아니라고. 예술은 만드는 방법도 자유, 듣는 방법도 자유니까.

# 종말에 대처하는
# 예술적이고 과학적인 방법
## 한계와 상상력

인류는 지금까지 쌓아온 경험에서 얻은 지식과 지혜로 미래의 모습을 예측하지만, 아무리 엄밀한 과학적 방법론을 통하더라도 모든 예측은 본질적으로 불확실하다. 완벽히 알 수 없는 불확실한 미래를 기다리는 동안 우리는 희망이라는 안경을 쓰고 좋은 일들만 있기를 소망하기도 하지만, 갑작스러운 자연의 변화나 우둔한 행위로 인해 손쓸 새도 없이 인류가 멸종하거나 문명이 파괴되어 버리는 파국의 가능성 또한 상존한다. 수많은 과학자와 예술가가 미래에 대한 희망과 절망 사이에서 고뇌해 온 이유일 것이다.

### 세상의 종말을 위한 사중주

프랑스 태생의 올리비에 메시앙Olivier Messiaen(1908~1992)은 20세

미켈란젤로가 그린 시스티나 성당 천장화 중 〈최후의 심판〉. 메시아의 재림과 종말이 시작되는 때의 혼란스러운 모습을 그린 신약성서 요한계시록 10장의 내용이 잘 표현되어 있다.

기 현대음악의 대가이자 조류학자다. 새들의 지저귐을 표현한 음악으로 유명하며, 소리를 듣고 눈으로 색깔을 느끼는 공감각 능력을 작곡에 활용한 것이 그만의 독특한 음악을 만들 수 있던 비결이었다고도 한다. 흔히 서양 고전음악이라고 하면 17세기 바로크 시대부터 20세기 초반 사이에 선율과 음의 어울림(화성)을 중시했던 '공통 관습 시대common practice period'의 음악을 뜻하는데, 메시앙의 음악은 숲속이나 광활한 협곡에서 부는 자연의 바람 소리 같은 독특한 매력이 있다. 그런데 메시앙은 신약성서 요한계시록 10장에서 영감을 받아 〈세상의 종말을 위한 사중주Quatuor pour la fin du temps〉라는 섬뜩한 제목의 곡을 짓기도 했다. 메시아의 재림과 종말이 시작되는 때의 혼란스러운 모습을 계시한 이 내용은 미켈란젤로가 그린 바티칸 시스티나 성당 천장화 가운데 〈최후의 심판〉에 잘 표현되어 있다.

1 또 나는 힘센 다른 천사 하나가 구름에 싸여서 하늘에서 내려오는 것을 보았습니다. 그의 머리 위에는 무지개가 둘려 있고, 그 얼굴은 해와 같고, 발은 불기둥과 같았습니다. 2 그는 손에 작은 두루마리 하나를 펴서, 들고 있었습니다. 그는 오른발로는 바다를 디디고, 왼발로는 땅을 디디고 서서, (…) 5 그리고 내가 본 그 천사, 곧 바다와 땅을 디디고 서 있는 그 천사가 오른손을 하늘로 쳐들고, 6 하늘과 그 안에 있는 것들과 땅과 그 안에 있는 것들과 바다와 그 안에 있는 것들을 창조하시고, 영원무

궁하도록 살아 계시는 분을 두고, 이렇게 맹세하였습니다. "때가 얼마 남지 않았다. 7 일곱째 천사가 불려고 하는 나팔 소리가 나는 날에는, 하나님께서 하나님의 종 예언자들에게 전하여 주신 대로, 하나님의 비밀이 이루어질 것이다."(새번역성경)

이 곡이 만들어진 배경은 다음과 같다. 1939년 나치 독일의 침공에 맞서 제2차 세계대전에 참전했던 메시앙은 생포되어 괴를리츠(현 폴란드 지로젤리츠)의 제8A 포로수용소로 끌려갔다. 그곳에서 그는 클라리넷·바이올린·첼로 연주자를 만나 이 곡을 짓고, 포로들과 독일군 간수들 앞에서 (회고에 따르면) 엄동설한에 "무너져 내리기 직전이었던" 피아노로 직접 초연을 펼쳤다. 4000만 명이 목숨을 잃은 제1차 세계대전이 끝나고 한 세대도 채 지나지 않은 시점에 그 2배에 달하는 8000만 명이 목숨을 잃게 될 또 한 번의 끔찍한 세계대전을 직접 겪고 있던 메시앙에게 세상의 종말을 알리는 천사의 나팔 소리는 오히려 자비와 구원의 소리였다.

## 무한한 장벽 앞에 선 확률론의 선구자

과학의 영역에서는 블레즈 파스칼Blaise Pascal(1623~1662)의 이야기가 흥미롭다. 프랑스 북부의 루앙이라는 도시에서 성장한 파스칼은 이미 10대 때 세금 징수원이었던 아버지가 쉼 없이 손으로 덧셈과 검산을 하는 모습을 보고 아버지를 위해 파스칼린pascaline이라는 세계 최초의 기계식 계산기를 개발하는 등 남다른 효심과 수학적 재능을 보였다. 파스칼은 이후 미래에 일어날 수 있는 여러 가지 일의 가능성을 숫자로 표현하는 '확률'의 개념을 고안한다. 게임이 중단되었을 때, 그때까지의 점수에 따라 판돈을 공평하게 나눌 수 있도록 하기 위해 고안한 '기댓값expected value'이 수백 년이 지난 지금도 금융, 보험, 경영을 비롯한 다양한 영역에서 리스크 판단에 필수적으로 사용되는 등 파스칼은 미래 예측 분야에서 선구적 업적을 남겼다.

하지만 파스칼의 궁극적인 관심사는 단순히 반복적인 계산이나 노름꾼의 판돈을 예측해 주는 것과 같은 실용적인 문제 해결이 아니었다. 과학적 합리성의 상징과도 같은 숫자를 통해 인류의 숙원인 불확실성 정복을 일정 부분 가능하게 하는 확률론이라는 강력한 방법을 만들어 주었으면서도, 파스칼의 머릿속에는 불확실성의 근원과 인간의 본질에 대한 존재론적 의문이 깊이 자리 잡고 있었다.

파스칼의 문제의식과 이를 해결하려는 여러 시도는 그가 남긴 글들을 엮은 《팡세Pensées》(1670)에서 찾아볼 수 있다. 근대 프랑스어 산문의 최고봉으로 꼽히는 《팡세》에서 파스칼은 인간이 한정된 몸의 감각만으로 직접 볼 수 있는 공간이란 드넓은 자연에 비하면 미세한 원자 하나의 크기에 불과하다고 말한다. 그 때문에 아무리 상상력을 발휘하고 생각의 폭을 넓혀본다 한들 우주의 장엄함을 이해할 수 없는 인간의 한계는 바뀌지 않는다며 격정적으로 고뇌를 토로한 파스칼.

인간이 우주의 장엄함을 탐구할 때 무한한 장벽에 가로막히듯 눈길을 돌려 아주 작은 세계를 이해하려 할 때도 결국 비슷한 한계를 맞닥뜨린다는 것을 보여주기 위해 파스칼은 길이가 1밀리미터도 되지 않는 진드기를 예로 든다. 처음엔 인간의 시력만으로 진드기의 다리와 몸통 모양을 완벽히 이해할 수 있겠지만, 진드기를 더 자세히 들여다볼수록 인간의 감각으로는 파악할 수 없는 미세한 세계의 무한한 장벽을 마주하게 된다는 것이다. 파스칼은 결국 인간이 아주 큰 무한(거대 우주)과 아주 작은 무한(미세 우주) 가운데에 갇혀 있는 유한한 존재로서 완벽히 알 수 없는 두 극한 사이에서 불확실성의 배를 타고 떠다니는 신세라는 결론을 내리고 만다.

혹시 파스칼은 확률이라는 개념을 그 어떤 사람보다도 먼저 깨닫는 바람에 미래의 불확실성에 대한 공포를 더 깊이 느끼고, 인간의 본질적인 한계에 대해서도 누구보다 심각하게 고뇌했던 것이 아닐까? 그렇다면 파스칼이 인간을 "자연의 본성을 완벽하게 이해하려는 불타는 열정을 지녔지만 결코 그것을 실현시킬 수 없는 불완전의 존재"라고 했던 것은 자기 자신을 연민하며 내뱉은 말일지도 모른다. 결국 존재의 불안을 떨칠 수 없던 파스칼 역시 메시앙처럼 구원을 찾으려 절대자에 대한 신앙을 고백한다. 확률론을 만든 사람답게 그는 "모든 인간은 신이 존재하는가, 존재하지 않는가 하는 내기에 참여하고 있는데, 모든 경우를 따져보았을 때 신의 존재를 믿는 것이 가장 합리적"이라는 논리('파스칼의 내기')를 내세운다. 메시앙이 음악을 통해 절대자에 의한 구원을 노래하며 끔찍한 전쟁과 수용소 생활로 인한 절망감을 이겨내려 했듯이, 파스칼은 논리를 통해 절대자의 존재를 받아들이고 마음의 평화를 얻으려 했던 것이다.

## 어느 물리학자가 들려줄 이야기

나 또한 확률을 연구하는 물리학자로서 지난 수백 년간 인류에게 귀중한 길잡이가 되어준 확률론이라는 위대한 업적을 세우고도 신앙을 이유로 병든 몸을 치료받기를 거부하며 젊은 나이에 요절해 버린 파스칼의 허무한 최후에 대해 적지 않은 아쉬움을 느낀다. 비록 파스칼의 논리대로 인간은 결코 세상의 모든 것을 완벽하게 알 수 없는 존재지만, 그가 그토록 두려워했던 무한한 장벽을 인류가 하나씩 허물어 가며 불확실성을 정복해 올 수 있었던 것은 파스칼 덕분이기 때문이다. 파스칼이 인간의 한계에 대해 조금만 덜 절망하고, 삶을 더 오래 이어갔더라면 과학의 발전을 수십 년은 더 앞당기지 않았을까 하는 생각이 든다.

파스칼과 대비되는 인물로는 1965년 노벨물리학상 수상자이기도 한 리처드 파인먼Richard Feynman(1918~1988)을 꼽을 수 있다. "다른 물리학자와 두뇌를 바꿀 수 있다면 누구의 두뇌를 갖고 싶은지 묻는다면 파인먼이라고 대답하는 물리학자들이 제일 많을 것”이라는 이야기가 있을 정도로 파인먼은 누구보다 비상한 물리학적 두뇌를 지닌 사람이었다. 유한한 인간과 무한한 우주 사이에서 고군분투하며 병들어 간 파스칼과 달리, 20세기 초 양자역학 혁명에 따른 과학의 위력을 어린 시절부터 보고 자란 파인먼은 평생 과학에 대한 깊은 믿음과 낙관적인 사고를 갖고 있었다. 마치 아무 걱정이 없는 사람처럼 살며 유쾌한 일화들을 수없이 남긴 것으로도 유명하다.

사실 파인먼은 촉망받던 젊은 시절에 인류 최초로 핵폭탄 개발에 성공한 '맨해튼 프로젝트Manhattan Project'에 참여한 물리학자로서 인류에게 스스로를 파괴시킬 능력이 있음을 누구보다 잘 알고 있는 사람이었다. 하지만 파인먼은 “대재앙으로 인해 인류 문명이 파괴되고 모든 과학적 지식이 사라져 버린다면 어떻게 할 것인가?”라는 질문을 받았을 때도 곧바로 다음과 같은 낙관적 희망이 담긴 대답을 했다고 한다.

“나는 우주의 모든 사물이 서로의 주위를 돌면서 적당히 떨어져 있으면 서로를 끌어당기지만 너무 가까워지면 서로를 밀어내는 원자라는 작은 알갱이들로 이루어져 있다고 이야기해 줄 것이다. 여기에 아주 조금의 상상력과 사고력만 더한다면 자연과 우주에 대해 엄청나게 많은 것을 알아낼 수 있기 때문이다.”

현생인류인 호모사피엔스가 탄생한 이후 30만 년 동안 이루어 온 발전의 흔적이 사라져서 모든 것을 처음부터 다시 시작해야 하는 상황을 상상해 보자. 파스칼처럼 절망하거나 '세상에 그만큼 번거로운 일이 또 있을까?'라고 생각할 사람들도 있겠지만, 파인먼은 인간의 상상력과 사고력만 남아 있다면 무엇이든 다시 시작할 수 있으리라는 희망을 이야기했다. 당신이 그 질문을 받는다면 어떤 대답을 들려주겠는가?

# 무한한 우주에서 우아한 연결을 찾는 힘
## 창의성과 융합인재

2023년 5월, 충청남도교육청 진로융합교육원의 개원 기념으로 그 지역 중고등학교 교장 선생님들에게 강연을 해달라는 제안을 받았다. 어린 학생들에게 다양한 진로를 탐색할 기회를 제공한다는 교육원의 설립·운영 취지가 좋아 흔쾌히 수락했다. 교육원이 있는 지역은 공교롭게도 어린 시절 여름이면 외할머니 손을 잡고 따라가던 외갓집이 있던 곳이라서 그곳이 내게 준 추억에 나름대로 보답할 기회라고 생각하기도 했다.

짧지 않은 거리를 이동해야 하는 만큼 그 일이 내게도 조금 더 재미가 있었으면 싶어서 교장 선생님들의 눈길을 모을 만한 방법이 무엇일까 곰곰이 궁리해 보았다. 그러다 나의 자유분방한 평소 모습으로도 충분하다는 사실을 깨달았다. 곱슬머리 장발을 묶고 모터사이클을 타고 다니는 사람이니까 머리에 물만 들이면 완벽하지 않을까 싶었다. 교장 선생님들을 만나러 가니까 염색을 해달라는 말에 스타일리스트 선생님은 적지 않게 걱정했지만, 나는 그분들과 내 나이가 크게 차이 나지 않으니 괜찮다고 하고 난생처음 머리를 물들였다. 파랗게. 그러고 나서 '바이크에서 내린 염색 머리'가 알고 보니 강연하러 온 교수라는 반전에 교장 선생님들이 어떤 표정을 지을지 상상하며 며칠 동안 혼자 키득거렸다.

5월 하순의 조금 습한 날씨를 뚫고 강연장에 도착하자 교육원 관계자분이 교장 선생님들에게 "이분이 오늘 강연하러 와주신 교수님입니다"라고 나를 소개하자, 아니나 다를까, 한 분이 "교수처럼 안 생겼네"라고 말씀하시는 것이었다. 다른 상황이라면 먼 길을 온 손님에게 외모 평부터 하는 작지 않은 결례를 범한 것이겠지만, 애초에 그런 반응을 유도하려던 나는 속으로 성공을 자축했다. 사실 내가 그렇게 입고 간 것은 '높은 지위'를 가진 교장 선생님들에게 내가 어린 시절에 하지 못했던 '튀어 보이기'를 뒤늦게라도 해보기 위해서만은 아니었다. 강연 주제였던 '창의적 융합인재 교육을 위한 제언'의 핵심이 바로 학생들에게 주어진 틀에서 벗어나 사고하고 행동할 자유를 주자는 것이었기 때문이다. 이 글은 강연 내용을 수정·보완한 것이다.

안녕하세요. 뜻깊은 자리에 불러주셔서 감사합니다. 그리고 충남 전역에서 교장 선생님들이 오신다는 말씀을 듣고, 평소보다 옷을 좀 얌전하게 입고 왔다는 것을 알아주셨으면 감사하겠습니다(웃음). 창의적 융합인재 교육에 대해 이야기할 오늘 강연에서 저는 먼저 인류에게 미래가 무엇인지를 이야기해 보겠습니다. 왜 우리는 미래를 이끌 인재를 기르려고 하는 걸까요? 인류는 언제나 미래를 꿈꾸는 동물이기 때문입니다. 우리는 끊임없이 내일의, 내년의, 그리고 다음 세대의 세상을 상상하지요. 누군가는 '미래future'라는 말 대신에 '운명destiny'이라는 말을 쓸 수도 있겠지요. 우리의 미래를 알기 위해서는 역사, 즉 우리의 과거를 먼저 알아야 하니다. 그리고 우리의 오늘이 과거의 인류에겐 미래였듯, 우리의 미래는 우리의 현재로부터 만들어질 것입니다. 먼저 인류의 근대 이후의 역사를 두 가지 관점에서 정리해 보겠습니다. 하나는 과학기술의 관점, 그리고 나머지 하나는 인간 욕구의 관점입니다.

## 근대 역사를 바라보는 두 가지 관점

먼저 과학기술의 관점에서 근대 이후의 역사는 세 번의 산업혁명과 현시대로 나눌 수 있습니다. 대략 1760년부터 1840년을 일컫는 제1차 산업혁명은 물체의 움직임을 예측할 수 있게 한 뉴턴의 고전역학, 열에너지를 움직임으로 바꿀 수 있게 한 열역학과 관련이 깊습니다. 열역학에 기반한 증기기관과 수력발전 기술을 기반으로 사람의 힘을 훌쩍 뛰어넘는 기계의 힘을 사용하게 되면서 인류는 역사에서 그 이전과 비교하면 거의 무한에 가깝다고 해도 될 정도의 생산능력을 갖추기 시작합니다. 대략 1870년부터 1920년을 일컫는 제2차 산업혁명은 전기를 다루는 전자기학과 관련이 깊습니다. 전기에 대한 이해는 전신電信과 전기철도를 탄생시켰고, 이를 통해 한 지역의 자원과 인력만으로는 만들 수 없었던 새로운 발명품들이 등장하고 다시 전 지역으로 유통되기 시작합니다. 제2차 세계대전을 전후해 1940년대에 시작한 제3차 산업혁명은 양자역학과 관련이 깊습니다. 양자역학에 기반한 트랜지스터의 발명과 전기 컴퓨터의 등장으로 자동화 기술이 발전하기 시작합니다. 마지막으로 1980년대 이후를 일컫는 현시대에는 광통신, 인터넷 같은 초고속 통신 기술을 통해 대량의 정보 교환이 이루어지고, 비약적인 성능 발전으로 컴퓨터가 인간의 지식을 습득하고 지능을 흉내 내는 기술이 등장하고 있습니다. 이렇게 산업의 중심은 기계에서, 통신과 계산을 거쳐, 인간을 모방하는 기술로 이동해 왔고 우리가 사는 현시대를 제4차 산업혁명기로 부르려는 사람들도 있습니다.

근대 역사를 인간의 욕구라는 관점에서 바라보면 어떨까요? 20세기 미국의 심리학자 에이브러험 매슬로Abraham Maslow(1908~1970)는 인간의 욕구가 생존을 위한 물질적인 욕구에서부터 자아실현을 위한 창의적 욕구까지 다층적으로 존재한다는 '욕구 단계 이론Hierarchy of Needs Theory'을 주창했습니다. 조금 단순화해서 이야기하자면 다음과 같습니다. 첫 번째 단계는 '생존과 안전의 욕구'입니다. 배고픔과 추위 등으로부터 해방되고 싶은 물질적인 욕구입니다. 두 번째 단계는 '소속감과 자존감의 욕구'입니다. 생존과 안전이 보장된 상태에서 타인과 교감하고 인정받고 싶은 욕구입니다. 세 번째 단계는 '창의와 자아실현의 욕구'입니다. 배고프지 않고, 사회적으로 인정받은 상태에서 자신만이 할 수 있는 창의적인 일을 하면서 삶의 의미를 구현하고 싶은 욕구입니다.

매슬로는 욕구의 대상이 이처럼 물질에서, 사회적 관계로, 또 자아실현으로 진화한다고 했는데, 앞서 말씀드린 과학기술 관점의 역사와 비교하면 서로 잘 들어맞기도 합니다. 즉, 제1차 산업혁명이 물질적인 욕구를 충족시켰고, 제2~3차 산업혁명은 통신 기술과 인터넷을 통해 소통과 교감의 욕구를 충족시켰다는 점에서 말입니다. 그렇다면 오늘날 비약적으로 발달하고 있는 컴퓨터의 '인간을 모방하는 능력' 역시 창의와 자아실현의 욕구를 충족시켜 줄 수 있을까요?

실제로 최근 음악, 그림, 글 등을 만들어 낸다고 하는 '생성 AI'가 큰 화두가 되었는데, 어떤 이들에 따르면 곧 AI가 창의라는 인간의 가장 높은 욕구를 실현하는 도구가 될 것만 같습니다. AI가 정말로 인간의 창의성 문제를 해결할 수 있다면, 우리가 기르려는 창의적인 인재는 'AI를 잘 쓰는 인간'이기만 하면 되는 것 아닐까요?

## 창의성이란 무엇인가?

그 질문에 답하기 전에 과연 창의성이 무엇인지 한번 생각해 보겠습니다. 근본적으로 물리학자인 저에게 창의성에 대해 제일 깊은 생각을 하게 해준 사람으로는 데이비드 봄David Bohm(1917~1992)을 꼽을 수 있습니다. 요즘 언론에서도 자주 이야기되는 양자역학의 역사에서 닐스 보어Niels Bohr(1885~1962), 베르너 하이젠베르크Werner Heisenberg(1901~1976), 에르빈 슈뢰딩거, 폴 디랙Paul Dirac(1902~1984) 등이 1세대였다면, 데이비드 봄은 리처드 파인먼, 필립 앤더슨Philip Anderson 등과 함께 대표적인 2세대라고 할 수 있습니다.

　고체, 액체, 기체를 아울러 물질의 3상(세 가지 상태)이라고 하는데요. 봄은 제4상, 즉 물질의 네 번째 상태로 알려진 플라스마plasma에 대한 연구로 아주 젊은 시절부터 유명해졌습니다. 봄의 이론이 발표되고 채 1~2년도 지나지 않아 미국물리학회의 정례 모임에서 관련 분과가 생길 정도였습니다. 일생을 바친 연구가 생전에 학계에서 인정받지 못하는 불운한 학자가 수두룩한 것을 생각하면 정말 대단한 영광이었겠지요. 그러나 막상 봄 자신은 곧 깊은 절망에 빠졌다고 합니다. 새로운 지식을 발견했다는 과학자로서의 순수한 기쁨을 나누려고 학회에 참석했지만, 그곳에서 그의 눈에 들어온 것은 온갖 물리학 상수를 남들보다 소수점 한 자리라도 더 정확하게 계산하려고 경쟁하는 '기계 같은 사람'들이었기 때문입니다. 그 모습에 실망한 봄은 물리학계와의 관계를 서서히 단절하며 창의성, 아름다움, 질서 등 자신이 생각하는 과학적 발견의 진정한 의미를 사색하기 시작합니다.

　그 후 많은 시간이 지나 펴낸 《봄의 창의성On Creativity》이라는 책에서 봄은 다음과 같이 말합니다. "과학이나 예술과 같은 창의적인 활동의 공통점은 무엇인가? '조화로움'과 '전체성'이라는 성질을 지닌 기본적인 질서를 찾아내는 것이다. 여기에서 우리는 '아름다움'을 느끼게 된다." 즉, 창의성이란 전체를 아우르는 기본적 구조를 찾아내는 능력이고, 우리는 그로부터 아름다움을 느낀

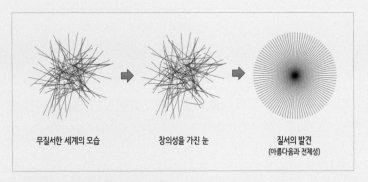

| 무질서한 세계의 모습 | 창의성을 가진 눈 | 질서의 발견 (아름다움과 전체성) |

왼쪽 그림처럼 무질서한 세계에서 오른쪽 그림처럼 아름다움과 전체성을 갖춘 질서를 찾아내는 능력이 바로 창의성이라고 할 수 있다.

다는 것입니다.

그 의미를 그림을 통해 알아보겠습니다. 왼쪽 그림을 보면 여러 뾰족한 선분들이 아무렇게나 어지럽게 자리를 차지하고 있어서 우리의 눈은 피로하게, 마음은 분주하게 합니다. 봄은 현대사회의 겉모습이 이렇게 지저분하고 무질서하다고 말합니다. 그런데 이 선분들을 적절히 재배치한다면 오른쪽 그림처럼 모든 선분이 하나의 규칙 아래 완벽한 대칭을 이루며 조화로움과 전체성을 가진 질서가 나타납니다. 왼쪽의 무질서에서 오른쪽의 질서를 찾아내는 능력, 그것이 바로 봄이 말한 창의성입니다.

봄은 창의성이 있는 사람은 복잡하고 무질서한 현대사회에서도 아름다운 질서를 찾을 수 있고, 그로 인해 인생의 충만함을 느낄 수 있다고 말합니다. 봄이 말한 충만함을 자아실현이라고 조금 다르게 표현해 본다면, 결국 양자역학 같은 어려운 과학 이론에서 시작된 봄의 사색은 심리학자 매슬로가 주창한 인간의 가장 높은 욕구와 동일한 것이 됩니다.

## 우아하고 의미 있는 연결

저는 이렇게 산업혁명의 역사, 인간의 욕망에 대한 사색, 과학의 탐구 과정으로부터 사람들이 제각각 찾아낸 '창의성의 의미'가 결국 하나로 연결된다는 점에 주목하고 싶습니다. 서로 달라 보이는 개념이나 사물 들을 연결해 새로운 질서를 발견하는 것. 혹시 그것이 창의성의 본질은 아닐까요? 그러한 주장을 한 인물이 또 있습니다. 바로 애플의 창업자 스티브 잡스Steve Jobs(1955~2011)입니다. "창의성이란 무엇인가?"라는 질문에 잡스는 이렇게 답합니다. "창의란 그저 이미 있는 것들을 연결해 내는 일이다. 그래서 창의적인 일을 해낸 사람들은 다른 사람이 그 비결을 물어보면 살짝 죄책감을 느끼곤 한다. 왜냐하면 그들은 이미 존재하는 무언가를 남들보다 먼저 보았을 뿐이기 때문이다. 조금만 생각해 보면 너무나 당연한 것을." 데이비드 봄처럼 스티브 잡스도 창의성을 '남들과 다른 연결을 발견하는 능력'이라고 말한 것입니다.

두 사람이 왜 창의성을 꼭 새로운 무언가를 만드는 게 아니라, 새로운 연결을 보는 능력이라고 한 것인지 잠깐 간단한 사고 실험을 해보겠습니다. 세상에 존재하는 모든 사물의 개수를 $n$ 이라고 하겠습니다. 이 $n$의 값은 무엇일까요? 일일이 세어보진 않았지만, 분명히 100개는 넘을 테니 쉽게 $n=100$이라고 가정해 보겠습니다. 100개의 사물을 연결하는 방법은 몇 가지일까요? 일단 직접 연결될 수 있는 사물 한 쌍의 개수는 100개에서 2개를 고르는 것이므로 $100 \times 99$를 반으로 나눈 $100 \times 99 \div 2 = 4950$가지입니다. 2개를 고르는 순서는 상관없으니까요. 그리고 이 4950가지의 쌍은 각각 연결되거나 연결되지 않거나 두 가지의 경우가 있으므로 100개의 사물이 연결되는 모양은 2의 4950제곱인 $2^{4950}$가지가 됩니다. 여기에 밑이 10인 로그를 취하면 $\log_{10} 2^{4950} = 4950 \times \log_{10} 2 = 4950 \times 0.3010 = 1489.95$입니다. 이를 어림잡아 1490이라고 한다면 $2^{4950}$은 1 다음에 0이 1490개나 붙어 있는 숫자인 셈입니다.

이 숫자가 얼마나 큰지 감이 오시나요? 누군가 우리 우주가 탄생한 100억(1 다음에 0이 10개입니다) 년 전 빅뱅의 순간부터 1초에 하나씩 "1, 2, 3…"하며 숫자를 세어왔다고 하더라도 아직 전체의 반은커녕, '반의 반의 반의 반의 반…'도 세지 못했을 엄청나게 큰 숫자입니다. 개수가 100에 지나지 않는 사물을 연결하는 방법도 이렇게 무한에 가깝게 많으니 여기에서 의미 있는 연결을 발견하는 능력, 즉 창의력이 잡스의 말처럼 '당연'하지는 않을 겁니다. 아무 연결이나 다 의미 있는 것은 아니거든요. 손목시계 하나에 들어가는 부품도 100개 정도 된다고 하는데, 그것을 아무렇

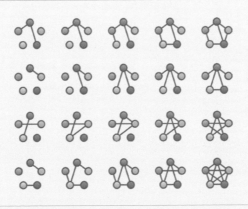

몇 개 되지 않은 사물도 서로 연결되는 모양의 경우의 수는 아주 많다. 사물 5개를 연결하는 방법은 1024가지이며, 100개의 사물을 연결하는 방법은 무려 10의 1490제곱 가지다. 스티브 잡스가 말한 창의성이란 이 큰 가능성의 공간에서 의미 있는 연결을 찾는 능력이다.


게 이어 붙인다고 시계가 되는 게 아니듯이요.

창의적인 사람들은 의미 있는 연결을 어떻게 찾아내는 걸까요? 달리 말해, 그들로 하여금 엄청나게 큰 '연결 가능성의 우주' 속에서 길을 찾게 하는 힘의 원천은 무엇일까요? 흔히 말하는 것처럼 논리력일 수도, 통찰력일 수도, 또는 말로 표현할 수 없는 '감'일 수도 있습니다. 아, 신앙이 있는 사람은 '절대자의 이끎'이라고도 말하겠네요. 무엇이든 좋습니다. 하지만 오늘 저는 그 모든 것을 아우를 수 있는 단어 하나를 제시하고자 합니다. 그것은 봄이 말한 '아름다움' 가운데에서도 특히나 우리에게 깊은 감명과 만족감을 주는 '우아함<sup>elegance</sup>'입니다.

제가 창의성의 원천으로서의 우아함을 생각하게 된 계기는 어느 물리학자의 고백이었습니다. 일본의 물리학자 에사키 레오나江崎玲於奈(1925~)는 이제는 '소니'라는 이름으로 잘 알려진 옛 '도쿄통신공업'의 연구원 시절, 마치 벽에 던진 야구공이 튕겨 나오지 않고 반대편으로 넘어갈 수도 있다는 양자역학의 터널링 효과<sup>tunneling effect</sup>를 실제로 구현한 '에사키 다이오드<sup>Esaki diode</sup>'를 발명한 공로로 1973년에 노벨물리학상을 받았습니다. 제가 대학교를 다니던 시절은 그로부터 20년도 더 지난 시점이었지만, 그가 강연을 온다는 소식에 학교 강당이 가득 메워질 정도로 당시에도 유명세가 대단했지요. 전 이후 물리학의 다른 분야를 전공하게 되었기에 그의 근황을 오랫동안 모르고 지내다가, 그가 한국에 다시 방문했을 때 한 젊은 학자에게 했다는 말을 전해 들었습니다. 숱한 호사가들이 그에게 '그 발명이 세계를 바꿔버릴 것'이라며 아첨하기도 했지만, 시간이 흘러 그 '하이프<sup>hype</sup>'(호들갑)가 사그라들고 나서 돌아보니, 결국 제일 행복하고 의미 있는 시간은 바로 자신이 '우아하다'고 생각하는 연구를 했을 때였다고요. 흔히 과학자를 차가운 숫자와 논리의 전문가라고만 생각하지만, 데이비드 봄이나 에사키 레오나처럼 역사에 남은 과학자를 과학으로 이끈 것은 아름다움과 우아함이었습니다.

## 피타고라스 정리의 진정한 의의

조금 더 과거로 가보겠습니다. 르네상스기의 거장 라파엘로 (1483~1520)는 〈아테네 학당〉에서 자신이 존경해 마지않던 고대 그리스의 인물들을 그렸습니다. 이 그림의 한가운데에는 무언가를 이야기하는 플라톤과 아리스토텔레스가 있지요. 그 왼쪽 아래를 보면 한 사람이 작은 칠판을 보며 책에 무언가를 열심히 쓰고 있습니다. 바로 피타고라스입니다. 피타고라스를 여기 모이신 교장 선생님들께 따로 소개를 할 필요가 없겠지요. '직삼각형에서 빗변의 길이 $c$는 다른 두 변의 길이 $a$, $b$와 $a^2+b^2=c^2$의 관계를 갖는다'라는 '피타고라스 정리'로 전 국민에게 잘 알려진 수학자니까요. 그런데 제 학창 시절을 돌이켜 보면, 이 피타고라스 정리를 받아들이는 데 다음과 같은 세 가지 부류의 학생이 존재했습니다. 선생님이 중요하다고 하니까 외워야 한다고 생각하는 이른바 '순응파', 숫자 2개를 넣으면 나머지 하나가 나오니 유용하다고 생각하는 '실용파', 그리고 마지막으로 과학 연구와 기술 개발에 꼭 필요하겠다고 생각하는 '개척파'입니다.

그러나 피타고라스 정리의 진정한 의의는 그 뒤에 있는 피타고라스라는 사람을 보아야만 알 수 있습니다. 이 세 가지 변수의 관계를 알게 된 피타고라스는 깊은 고뇌에 빠졌다고 합니다. '$a$, $b$, $c$의 이러한 관계는 우연인가, 필연인가?' 도대체 왜 $a$, $b$, $c$라는 변수가 그러한 관계를 이뤄야만 하는지 이해할 수 없었다는 것이죠.

라파엘로의 〈아테네 학당〉 속 피타고라스. 칠판을 보며 책에 무언가를 열심히 쓰고 있다.

그런데 이 고뇌는 이내 거대한 희열을 주는 깨달음으로 바뀝니다. 바로 '우주에는 우아하고 아름다운 질서가 존재한다'는 피타고라스 철학의 탄생입니다. 피타고라스가 살았던 2500년 전에도 과학은 자연의 우아함을 알아보았던 것입니다. 이 철학은 플라톤에 의해 이데아론으로 발전했고, 이후 코페르니쿠스와 갈릴레이의 지동설, 뉴턴의 만유인력이라는 토대 위에서 천체역학을 탄생시키는 밑거름이 됩니다. 수많은 천체가 따르는 질서라는 피타고라스의 꿈, 즉 '무지카 우니버살리스'의 실현이었습니다.

### 세상을 바꾼 융합인재, 뉴턴

"그렇다면 과학이란 단지 몇몇 과학자가 주관적인 우아함을 추구하는 것인가?"라는 질문을 하실 수 있겠습니다. 물론 그렇진 않습니다. 무지카 우니버살리스라는 꿈에 힘입어 인류는 전 세계 어디든 하루 만에 갈 수 있는 비행기를 만들었고, 지구를 벗어나 달까지 갈 수 있게 되었으며(저는 몸무게가 지구에서의 6분의 1에 불과해지는 달 표면에서 뛰어다니던 우주 비행사들이 제일 부럽습니다), 보이저호에 "안녕하세요"라는 인사말을 싣고 우주 어딘가에 있을 외계의 생명체에게 보낼 수 있게 되었습니다. 우아함에 대한 추구라는 개인적이고 인간적인 동기에서 시작하더라도 인류의 지평을 넓힐 만한 위력을 지닌 '위대한 연결'을 찾아내는 것, 이것이 바로 우리에게 필요한 융합인재가 해줄 수 있는 일입니다.

미국의 유인 우주선 아폴로 16호를 타고 1972년 4월 21일 달에 착륙한 우주인 존 영<sup>John Young</sup>(1930~2018)이 지구보다 중력이 작은 달 표면에서 방방 뛰고 있다. ⓒNASA

그렇다면 오늘 이곳에 와주신 선생님들, 그리고 제가 그러한 융합인재를 기르려면 학생들에게 무엇을 가르쳐야 하는 걸까요? 그에 대한 속 시원한 답을 제가 알고 있다면 기꺼이 말씀드리겠지만 그렇지가 않습니다. 수험생들에게 엄청난 사랑과 믿음을 받으며 1년에 집을 몇 채씩 살 수 있을 만큼 돈을 잘 번다는 유명 학원의 일타 강사들은 혹시 알고 있을까요? 제가 요즘 학원에 다녀본 적이 없어 잘은 모르지만, 당장 다음 날, 다음 달 시험 점수를 위한 지식 상품을 파는 분들에게 인류의 미래를 열고 우주의 질서를 찾아낼 수 있는 진정한 융합인재 교육에 대한 비결을 기대하기는 어려울 것입니다.

그 대신 제가 제일 존경하는 한 융합인재의 짧은 일화를 소개하며 강연을 마치겠습니다. 바로 뉴턴입니다. 근대과학의 꽃이라는 천체역학을 완성한 뉴턴은 엉뚱하게도 위조화폐 문제로 골머리를 앓던 영국 조폐국 국장으로 취임합니다. 별의 움직임을 탐구하던 사람이 왜 갑자기 위폐 문제를 다루겠다고 하는지 의아해하는 시선도 있었겠지만, 뉴턴은 개의치 않고 자신의 과학 정신을 새로운 분야에서 십분 발휘합니다. 후진적이었던 은화 주조법을 개선하고, 위폐를 감별할 수 없었던 부정확한 저울을 대체할 새로운 저울을 설계했습니다. 연구실에만 틀어박혀 지냈던 것도 아닙니다. 최악의 위폐범을 잡기 위해 전국을 돌아다녔고, 재판에서는 검사 역할까지 하면서 유죄를 받아내고 맙니다.

저는 여기에서 위폐라는 오염물이 존재하지 않는, 깨끗하고 '우아한' 경제를 꿈꾸던 뉴턴의 모습을 봅니다. 그리고 뉴턴과 같은 융합인재들이 해낼 수 있는 수많은 위대한 일을 상상합니다. 뉴턴은 다음과 같이 말합니다. "플라톤과 아리스토텔레스는 나의 벗이다. 그러나 나의 최고의 벗은 진실이다." 뉴턴에게는 서양 철학의 제일 위대한 인물들도, 스스로의 눈으로 보고 몸으로 느끼는 진실을 추구하는 일의 '우아함'에 우선하지 못했습니다. 창의적인 융합인재는 자기만의 신념을 갖고 우아한 꿈을 향해 스스로 길을 찾는 사람들입니다. 이걸 꼭 잊지 않아주셨으면 합니다.

# 4장 무엇이 사람의 말을 만드는가?

# 존재의
# 세 가지 물음표
## 언어의 품격

어린 시절에는 주로 아이작 아시모프Isaac Asimov(1920~1992)의 《파운데이션Foundation》(1951)이라든가 더글러스 애덤스Douglas Adams(1952~2001)의 《은하수를 여행하는 히치하이커를 위한 안내서The Hitchhiker's Guide to the Galaxy》(1979) 같은 SF를 즐겨 읽었지만, 최근 한참 동안 러시아 문호 레프 톨스토이(1828~1910)가 〈사람에게는 얼마만큼의 땅이 필요한가?Много ли человеку земли нужно?〉(1886)라는 단편소설에서 진정 말하려던 바가 무엇일지 고민하며 지냈다.

### 사람에게는 얼마만큼의 땅이 필요한가?

이 소설의 주인공은 자신의 땅을 가질 수만 있다면 무엇이든 하겠다는 소작농 파홈이다. 욕망에 젖어 있던 파홈에게 어느 날

악마가 다음과 같은 약속을 한다. "동이 틀 때부터 해가 질 때까지 네가 걸어서 만든 경계로 둘러싸인 만큼의 땅을 너에게 주겠다." 파홈은 최대한 넓은 땅을 갖고 싶은 욕심에 해가 뜨자 출발점으로부터 최대한 멀리멀리 걷는다. 해가 기울기 시작하자 비로소 감당하기 힘들 만큼 멀리 와버린 것을 알아챈 파홈은 급한 마음에 죽을힘을 다해 출발점으로 달려오는 데까지는 성공하지만, 기력이 다해 그 자리에서 숨을 거두고 만다. 끝내 자신이 꿈꾸던 큰 땅덩어리를 갖게 되는가 했지만 그 대가는 자신의 목숨이었고, 소설은 "사람에게는 얼마만큼의 땅이 필요한가?"라는 질문에 '자기 몸뚱이 하나 묻힐 단 한 평'이라는 답을 암시하며 끝난다.

누군가는 이 소설에서 과욕을 부리지 말아야 한다는 교훈을 읽을 것이고, 다른 누군가는 인간의 한없는 욕망에 대비되는 현실의 허망함을 느낄 것이다. 그리고 또 다른 누군가는 다음과 같은 이유에서 냉철한 과학적 전략의 필요성을 알려준다고 할지도 모른다. 파홈은 욕심에 눈이 멀어서 멀리멀리 걸어가며 땅을 넓히려고만 했을 뿐, 주어진 시간 안에 자신이 움직일 수 있는 거리조차 예측하지 않았다는 것이다.

가령 해가 12시간 동안 떠 있다고 가정하고 시간당 평균 3킬로미터를 이동한다고 하면(성인의 평균적인 도보 속력은 시속 5킬로미터지만 도중에 쉬고 밥도 먹어야 할 것이므로) 총 36킬로미터를 움직일 수 있다. 이 추정치를 바탕으로 파홈이 수학자에게 물어봤다면 36킬로미터로 둘러쌀 수 있는 최대의 면적은 반지름이 '36킬로미터/(2×원주율)=약 5.7킬로미터'인 원으로서 대략 103제곱킬로미터의 땅을 노릴 수 있다는 답을 들었을 것이다. 그런데 파홈이 현대의 농경제학자에게 물어봤다면 원 모양의 땅은 농사 짓기가 쉽지 않으니 정방형을 그리며 걸으라는 말을 들었을 것이고, 이는 곧 81제곱킬로미터의 땅으로 이어졌을 것이다. 그런데 또 그 동네 지리에 통달한 사람에게 물어봤다면 정방형이 아니더라도 샘이 포함되도록 하는 게 더 현명하다는 말을 들었을 것이다(나처럼 농사를 지어본 적이 없는 사람도 1986년에 나온 프랑스 영화 〈마농의 샘Jean de Florette〉을 보면 땅에서 물이 나는지 여부가 얼마나 중요한 문제인지 알 수 있다).

'뭐 그렇게까지 과학을 끌어오느냐?' 싶을 수도 있겠지만, 톨스토이가 크림 전쟁에서 기하학을 잘 알아야 하는 포병 장교로 복무하면서 상까지 받았었다는 사실을 상기해 본다면 그렇게 허무맹랑한 독서법은 아니다.


## 사람에게는 얼마만큼의 관심이 필요한가?

자, 이제 도대체 왜 이 이야기를 꺼냈는지 말해보려고 한다. 벌써 4분의 1이 지나가고 있는 21세기의 생활상을 만들어 낸 대표적인 사건으로 인터넷을 등에 업은 페이스북이나 트위터 같은 SNS의 등장을 꼽을 수 있다. SNS를 통해 온라인으로 언제든 하고 싶은 말을 해낼 수 있는 시대는 많은 것을 약속하는 듯했다. 조지 오웰George Orwell(1903~1950)의 디스토피아 소설《1984》에 등장하는 '빅브라더'처럼 검열을 자행하고 침묵을 강요하는 거대한 권력으로부터 완전히 해방되어 자유롭게 사고할 수 있는 '멋진 신세계'가 드디어 열린다며 설렜던 사람이 한둘이 아니었다. 2022년 한 해에만 약 2000억 개의 트윗이 날려졌다고 하니, 어림잡아 트위터 탄생 이후 트윗의 총 숫자는 무려 1조 개가 넘을 것이다. 상상조차 하기 어려운 엄청난 숫자의 '자유로운 발언'이 가능해진 지금, SNS에 우리가 걸었던 기대는 과연 얼마나 실현되었을까?

그 질문에 대해 네트워크 연구자로서, 또 한때 이른바 '계산사회과학computational social science'을 공부했던 사람으로서 주고 싶은 답은, 맨체스터 유나이티드의 감독이었던 앨릭스 퍼거슨Alex Ferguson 경의 "트위터는 시간 낭비"라는 말과 일맥상통한다. '심오한 질문에 비해 너무 무성의한 답이 아닌가?'라고 생각한다면, 얼마든지 길게 대답해 드릴 수도 있다. "SNS는 열린 사회를 위한 새로운 대화의 장이 될 것이라는 처음의 기대는 온데간데없이, 거친 말이 쌓여 썩어가는 곳이 되어버렸다"라고. 자기 말을 돋보이게 하려고 표현만 점점 더 격해지면서 같은 내용을 끊임없이 반복하고, 또 자기 말을 들어주는 사람을 찾다가 결국 생각이 똑같은 이들과만 어울리며 시간을 낭비하는 사람들. 그리고 한순간의 관심을 끌기 위해 신념을 저버리는 사람들까지. 이것을 진정한 소통이라고 할 수 있을까?

테슬라와 스페이스X의 창업자인 일론 머스크가 갑자기 트위터를 인수하려 한다는 소식을 처음에는 믿지 않았다. 인류의 미래를 개척해 가던 사람이 왜 시간 낭비와 불통의 장에 뛰어들려고 하는지 도무지 이해되지 않았는데,《뉴욕타임스》의 논설위원 브렛 스티븐스Bret Stephens는 "트위터를 인수한 머스크가 인류를 위해 할 수 있는 최고의 공헌은 트위터를 없애버리는 것이다"라고 할 정도였다. 그런데 머스크가 테슬라 지분까지 팔아가며 인수한 트위터의 가치가 몇 동강이 나버리고 복제품까지 나와버린 지금은 '트위터'라는 이름이 없어졌다는 점에서 절반의 위안을 받고 있다. 물론 'X'라는 이름으로 아직 살아 있다. 슬프게도.

머스크에게 닥친 이 상황은 역사에 남을 심각한 '중년의 위기'라고 할 수 있을 것이다. 절반을 훌쩍 넘긴 인생을 돌아보며 한 번쯤은 남의 눈치를 보지 않는 신나는 일탈을 해보고 싶을 시기에, 재산을 털어서 구입한 파랑새가 불타 추락하는 장면을 보고 있으니 말이다. 그런데 페이스북의 주인이라고 다를까? 멀쩡한 현실을 살아가는 사람들에게 거추장스러운 기기를 쓰고 앉아서 아바타로 유령처럼 둥둥 떠다니는 '메타버스Metaverse'가 더 즐거운 삶이라고 주장하다가, 이제 와서는 다른 사람들과의 신체접촉이 많은 주짓수를 통해 마음을 다스린다고 말하는 마크 저커버그Mark Zuckerberg 말이다. 그러다가 급기야는 옥타곤에서 주먹으로 맞짱뜨자며 맞붙은 머스

크와 저커버그. 거대 SNS의 주인들이 앉아서 하는 일이라고는 말로 주먹다짐하면서 남들의 시간을 뺏는 것뿐인 모습을 보면 회사들이 주인을 닮아가는 것인지, 주인들이 회사를 닮아가는 것인지 모르겠다는 생각이 든다. 거대한 '제4차 산업혁명'의 총아로서 '미래 문명을 이끌 선구자'로 기대받던 사람들조차도, 생각과 말의 품격을 앗아 가는 SNS의 흑마법을 이겨낼 수 없다는 걸 보여주는 증거 같다.

## 무엇이 사람의 말을 만드는가?

이렇게 사람에게는 얼마만큼의 관심이 필요한가 하는 고민을 하는데, 나의 유튜브 피드에 1999년 당시 마흔다섯 살이었던 스티브 잡스의 인터뷰가 떴다. 아직 집집마다 고속 인터넷이 많이 보급되지 않았던 시절이어서 인터뷰 질문들이 지금의 관점에서 보면 아주 원시적이다. 예를 들어, "고속 인터넷 시대가 오면 소프트웨어도 가게에서 사지 않고 집에서 내려받을 수 있게 될 것인가?" 같은 질문들. 하지만 잡스는 어떠한 질문에 대한 답변에서도 진지하지만 신나는 말투로 자기가 꿈꾸는 미래의 모습을 그려냈고, 결코 대화의 본질에서 벗어나는 개인적인 이야기를 하지 않으려 노력했다.

풍운아로 인식될 만큼의 인생 역정을 겪었기에 잡스의 사생활에 대한 세간의 관심은 대단했다. 하지만 초창기 베스트셀러인 '애플투플러스Apple ][+' 시절부터 애플과 함께한 내 기억 속에서 그가 컴퓨터가 아닌 자신에 대한 인터뷰에 응한 적은 거의 없었다. 개인사에 대한 먹잇감을 던져주지 않은 대가로 호사가들로부터 기인·괴짜라는 소리를 무수히 들었지만 잡스는 일절 반응하지 않았다. 이후 사실로 밝혀진 기행(?)이라고 할 만한 것은 그가 번호판 없이 벤츠 AMG 스포츠카를 타고 출퇴근했다는 점 정도가 유일하다. 사실 그가 잡스라는 것을 모르는 사람이 없으니 번호판이 있으나 없으나 상관도 없었겠지만.

빈말의 무덤인 트위터에 재산을 털어 넣고 나서는 저커버그에게 주먹싸움이나 하자며 더 많은 빈말을 만들어 내는 머스크, 또 그 빈말에 맞서는 척하더니 바로 며칠 뒤에 트위터 복제품을 내놓은 저커버그, 우주에 올라갔다 와서는 "이건 바로 여러분의 돈으로 다녀온 것"이라는 말로 아마존에서 분유와 연필을 구입해 온 알뜰한 '보통 사람들'을 잊지 않아준 친절한(?) 제프 베이조스, 그리고 잡스와 숙명의 라이벌로서 퍼스널 컴퓨팅의 시대를 함께 연 뒤 자선 사업가로 나섰지만 요즘은 여러 추문으로 흔들리고 있는 빌 게이츠Bill Gates. 그런데 정작 세상은 이들이 아니라, 말 한마디, 한마디에 진심을 담아 자신의 꿈을 그려내는 데만 힘썼던 잡스를 기인으로 묘사해 왔다. 진정한 '사람의 말'과, 사람의 말처럼 생기기만 했지 문자와 소리의 무의미한 조합일 뿐인 것을 구별해 낼 능력이 우리에게 있기는 한 걸까? 애타게 묻는다. "무엇이 사람의 말을 만드는가?"

# 어제는 철학자,
# 오늘은 말하는 사용설명서?

## AI와 인문학

요즘 AI에 대해서 내게 이런저런 질문을 건네는 사람들이 많이 생겼다. "요즘 다들 그 이야기를 하는 것 같더라"라는 말, 심지어는 "기계학습을 전공하지 않은 사람들조차 다들 언어 AI의 전문가가 된 것 같다"라는 놀라움의 말도 심심찮게 들린다. 이러한 높은 관심도와 '전문가' 급증의 원인은 아무래도 누구나 쓸 수 있는 '자연어<sup>natural language</sup>'로 언어 AI와 상호작용할 수 있다는 사실이 아닐까 싶다. 챗GPT 같은 언어 AI를 만드는 데 사용되는 '트랜스포머<sup>Transformer</sup>' 같은 전문용어를 들어본 적이 없거나, 작동 원리를 정확히 모른다 하더라도 일상적으로 사용하는 말로 일을 시키고 그 결과물을 받을 수 있는 세상에서 누구든 한마디 거들어 보고 싶어지는 게 자연스럽다고 할까? 그래서 잘 활용할 수만 있다면 인간-컴퓨터 상호작용의 새로운 지평을 열었다고 볼 수도 있겠다. 물론 '잘 활용한다'는 게 정확히 무슨 뜻인지는 이 글에서 이야기할 여러 이유 탓에 아직 확실치 않지만 말이다.

한편에서는 언어 AI 때문에 일자리나 직업이 사라지지 않을까 노심초사하는 사람들의 이야기도 들린다. 디지털 인문학을 전공하는 연구원의 말로는, 다른 곳보다 인문학계에서 특히 그런 분위기가 느껴진다고 한다. AI가 주어진 질문에 척척 유창하게 대답하는 모습을 보며 어느 날 정말로 자신들이 할 일이 사라지지 않을까 하는 우려인 것 같다. 이러한 우려에는 'AI 때문에 사라져 버릴 100대 직업' 따위의 하이프로 범벅된 선정적인 글들이 큰 역할을 했다는 생각이 든다. 그러므로 우리에게 필요한 것은 도로시의 강아지 토토가 커튼을 걷어내 오즈의 마법사는 신비한 존재가 아님을 드러낸 것처럼, AI라는 인간의 피조물을 신비한 존재처럼 생각하게끔 우리의 눈을 가리고 있는 온갖 하이프를 걷어내는 것이 아닐까 싶다.

## 언어 AI와 악의 평범성

과학의 발전에 기반한 당대의 첨단기술을 일반인도 어려움 없이 직접 사용할 수 있게 된 역사적 예로는 내연기관을 들 수 있다. '열역학의 아버지'로 불리는 프랑스 물리학자 사디 카르노$^{Sadi}$ $^{Carnot}$(1796~1832)가 1824년에 제안한 '카르노 사이클$^{Carnot\ Cycle}$'이라는 개념을 바탕으로 에티엔 르누아르Étienne Lenoir(1822~1900)와 니콜라우스 오토Nikolaus Otto(1832~1891)가 내연기관을 개발했다. 뒤이어 1886년에 카를 벤츠Carl Benz(1844~1929)가 이 내연기관을 손잡이가 달린 수레에 달아 내놓으면서 자동차의 역사가 시작되었다. 그 이후 약 140년 동안 내연기관은 인류 문명의 발전에 말 그대로의 동력을 제공해 왔지만, '카르노 사이클'이라는 말을 들어본 적 없는 사람들도 자동차를 이해할 수 없는 신비한 존재로 여기는 일 없이 능숙하게 조작하며 생활하고 있다. 이처럼 가려는 방향으로 운전대를 돌리면 되는 자동차와, 알고 싶은 내용을 자연어로 물어볼 수 있는 최신의 언어 AI는 '직관적'이라는 공통점이 있다. 그러나 운전대를 아무 방향으로 돌리고 가속 페달을 밟아대는 것을 '운전한다'고 할 수 없듯이, 컴퓨터에서 나오는 말을 곧이곧대로 받아들이는 것을 AI를 활용한다고 할 수는 없는 노릇이다.

미국의 언어학자 노엄 촘스키Noam Chomsky(1928~)는 동료들과 함께 《뉴욕타임스》에 기고한 글 〈챗GPT의 거짓된 약속The False Promise of ChatGPT〉에서 챗GPT의 세련되어 보이는 말과 사고에 도사린 "무지함에 기인한 도덕적 냉담the moral indifference born of unintelligence"은 현대 정치철학가 한나 아렌트Hannah Arendt(1906~1975)가 제시한 '악의 평범성banality of evil'과 비슷한 꼴이라고 했다. 악의 평범성이란 스스로 사유하지 않고 상투적인 말에 기대는 태도가 거대한 악으로 이어질 수 있음을 경고하는 개념인데, 촘스키에 따르면 "표절과 무감정과 냉담함plagiarism and apathy and obviation"으로 점철된 언어 AI의 말들과 거기에 열광하고 있는 우리의 상황이 그와 유사하다는 것이다.

더 쉽게 표현하자면 이렇다. 친구와 대화를 한다고 생각해 보자. 나는 진지한 생각, 진솔한 감정을 전달하고 있는데 친구의 말은 모조리 다른 사람의 말을 베낀 것이고, 내 감정이나 상황에 조금의 관심도 없고, 번번이 자신의 말에 대한 책임을 회피할 궁리만 한다면 1초라도 빨리 그 자리를 박차고 일어나고 싶지 않을까? 그런데 왜 이와 똑같이 행동하는 언어 AI에는 열광하는 걸까? 현대 언어학의 태두인 노년의 학자와 그 동료들이 제기한 이와 같은 우려를 진지하게 따져볼 시점이 되었다.

## 철학자에서 문서 작성 도우미로

현재 인간의 설 자리는 언어 AI에 얼마나 위협받고 있는가? 2023년 3월, 챗GPT가 미국 변호사 통합 시험(MBE+MEE+MPT)과 SAT 수학 시험을 각각 상위 10%의 성적으로 통과했고, 마이크로소프트의 워드와 파워포인트를 다루는 데 아주 뛰어난 성능을 보여준다는 발표가 있었다. AI가 사람보다 뛰어나다는 말을 하고 싶었던 것인지 모르겠으나, 이 소식을 듣고 변호사인 내 지인은 이렇게 말했다. "시험을 통과했으니 이제 AI가 인간 변호사와 동급이 되었다는 이야기를 하고 싶은 것인가? 변호사는 상황에 따라 지식과 경험을 창의적으로 조합해서 대응해야 하는데, 이는 시험을 통해 평가할 수 없는 것이다. 전문가로 성장하는 과정에서는 최소한의 관련 지식을 평가하는 시험을 통과하는 것보다, 실제로 일을 경험하는 게 100만 배는 더 중요하다."

곧이어 '어떤 사람들'에 대한 일침이 날아왔다. "언어 AI가 처음 나왔을 때는 우주와 자연과 철학을 논할 수 있다면서 열광하더니, 시간이 조금 지나니까 표준화된 자격 시험을 통과할 수 있다고 열광하고, 이제는 컴퓨터 문서를 잘 만든다고 열광하네. 그런데 이렇게 열광하는 사람들이 다 같은 사람들이더라." 날카로운 지적이었다. 추상적인 주제에 대해 논하는 능력을 고차원적인 언어 구사력으로 여기는 상식에 역행해, 챗GPT에 대한 평가는 성능이 좋아질수록 오히려 '철학을 논할 수 있는 대화 상대'에서 '문서 작성 도우미'로 달라진 것이다. 앞장서서 이 신기술에 열광하는 분위기를 만든 '어떤 사람들', 즉 호사가들에게는 이 문제가 보이지 않는 걸까?

거대 기업의 자본으로 천문학적인 돈을 투자해서 만든 기술이므로 시장성을 고려하면 돈이 안 될 듯한 대화 상대보다는 돈이 되는 문서 작성 도우미를 만들 필요가 있었을 것이다. AI를 버전 3에서 3.5로, 또 4로 업데이트할 때마다 들어가는 자원이 엄청나게 늘어난다는 것은 정설이기에 충분히 개연성이 있는 이야기다. 하지만 언어 AI 열풍 초기에 사람들이 제일 많은 관심을 보인 분야가 정신과 상담 같은 엄청난 시장 규모의 헬스케어였다는 사실을 생각하면, 시장성 부족은 그 이유가 될 수 없다. 그보다는 대중의 열렬한 기대에도 불구하고 기계는 기계일 뿐 경험과 사고의 부재를 뛰어넘을 수가 없으므로 애초에 진정한 대화 상대가 될 수 없다고 보는 게 타당하다.

## 인간을 이해하는 과학기술

결국 (사실 확인조차 잘 못하는) '스스로 말하는 사용설명서'의 위상을 벗어나지 못한 언어 AI를 둘러싼 지금의 하이프는 사그라들 수밖에 없다. 인간의 이야기를 쓰는 문학, 인간의 역사와 철학을 담는 인문학이 AI에 위협을 받지 않을 까닭이 여기에 있다. 오히려 스스로를 돌아보지 않고 기술이 흘러가는 대로 몸을 맡긴 채 목소리를 높이는 호사가들이 판치는 지금이야말로 '인문학을 아는 과학기술', 즉 인간을 이해하는 과학기술이 더 중요해지는 시점이라고 본다. 평생을 과학에 몸담아 온 입장에서 그 점을 강조하는 것은, 남에게는 사소해 보일 수도 있지만 나에게는 아주 골치 아팠던 한 사건 때문이다.

학생 시절부터 밤새워 코딩하고 글을 쓰는 것이 주로 하는 일이다 보니 타자의 느낌이 좋다는 나름 고가의 키보드를 구입했다. 손가락을 통해 전해지는 감촉에 매우 만족해하고 있었는데, 몇 년 전부터 컴퓨터를 깨울 때 키보드가 먹통이 되는 일이 생기기 시작했다. 가격을 생각하면 조금 쓰린 속을 붙잡고 그 키보드를 고

이 모셔두고 있다가 '사람 일은 헛짚어도 컴퓨터에 관련된 문제에 대해서는 알겠지'라는 생각으로 챗GPT-4에게 해결책을 물어보기로 했다. 그랬더니 약 8000자에 달하는 기나긴 설명이 나왔는데, 그중에는 키보드를 이용해서 먹통이 된 키보드를 인식시키는 방법, 키보드로 비밀번호를 넣고 들어가기만 하면 키보드 없이도 글자를 칠 수 있는 방법 등이 있었다. 키보드가 안 먹힌다는데 어떻게 키보드를 이용하고 비밀번호를 넣으라는 거냐는 나의 질책에 "죄송합니다"를 연발하던 녀석을 내버려 두고 사용자 게시판에 들어가 한 사용자가 써놓은 답변을 발견했다.

"컴퓨터를 키보드 말고 마우스로 깨우면 돼."

이렇게 단순한 방법으로 문제를 완벽하게 해결하다니! 단 몇 글자로 AI가 내놓은 기나긴 8000자를 이겨낸 인간 '경험'의 힘이었다. 다시 교육자의 마음이 되어 이 이야기를 해주자 챗GPT는 또 "그럴 수 있습니다. 마우스로 컴퓨터를 깨우는 방법은 다음과 같습니다"라면서 불필요한 말을 장황하게 시작한다. 문제의 해결책을 아는 사람과 그 해결책을 쓰는(컴퓨터를 마우스로 깨우는) 사람이 같다는 당연한 사실조차 추론하지 못한 것이다. 이건, 확실히 대화가 아니다. 남들은 이미 이런 의미 없는 반복이 싫어서 챗GPT와 놀기를 그만뒀는데, 나 혼자만 계속 이러고 있는 건 아닐까? 아무리 AI가 발달한다 하더라도 나는 언제나 손가락 끝에 살갗이 닿는 기분 좋은 감촉을 아는 진짜 인간들과 놀고 싶을 것이다.

# 앨런 튜링도
# 풀지 못한 암호

## 암호와 마음

---

몇 해 전 방문 교수로 가 있던 영국은 사시사철 으슬으슬 춥고 비가 많이 올 것 같다는 인상과는 달리 봄과 여름에는 세계 어디에 내놓아도 부럽지 않을 만큼 맑고 화창한 날씨를 자랑한다. 그랬던 어느 날 나 혼자만의 시간을 며칠 갖게 되어 영국이 자랑하는 모터사이클, 트라이엄프 모터사이클사의 '보너빌Bonneville'을 빌려서 길을 나섰다. 보너빌은 제2차 세계대전에서 독일군에 포로로 잡힌 연합군 파일럿이 탈출하기 위해 철조망을 뛰어넘으려 하는 장면으로 유명한 영화 〈대탈주The Great Escape〉(1963)에 나온 이후 자유를 상징하는 모터사이클이 되었는데, 그날 나는 드디어 그것을 본토에서 타보는 감격에 젖어볼 수 있었다. 행선지는 '블레츨리 파크Bletchley Park', 제2차 세계대전 당시 독일군 암호를 해독하

기 위한 특수 연구 임무를 수행하던 곳으로서 지금은 암호 역사 기념관이 되어 관광객들을 맞이하고 있다.

## 카이사르의 은밀한 명령

전쟁에서 암호를 이용한 비밀 소통의 역사는 전쟁 자체의 역사만큼 길 것이다. 작전 계획을 아군에게 안전하게 전달하고 적군으로부터 숨기는 것은 그야말로 목숨이 걸린 중대한 일이었을 테니까. 고대 로마의 장군이자 정치인이었던 율리우스 카이사르(기원전 100~44)는 갈리아(현재 프랑스, 스위스, 독일 등의 일부 영토를 포함하는 지방)를 정복한 뒤 폼페이우스(기원전 106~48)와의 내전에서 승리하며 로마를 장악한 인물인데, 그의 군대가 사용했다고 하여 그의 이름을 딴 카이사르 암호Caesar's Cipher 체계는 암호학의 아주 기본적인 개념이다. 기원전 48년, 갈리아 전쟁을 마친 카이사르에게 로마 공화국 지도부인 원로원은 관례에 따라 무장을 해제하고 로마로 복귀할 것을 명령한다. 하지만 원로원을 불신했던 카이사르는 명령을 어기고 자신의 군단과 함께 루비콘강을 건너 로마로 진격한다. 아마도 그 전날 밤 카이사르는 카이사르 암호를 이용해 다음과 같은 명령을 자신의 군단에게 내렸을 것이다. "YTRFRTVVBMSFAK."

이것이 원로원의 명령대로 무장해제를 하라는 뜻인지 원로원을 공격하겠다는 뜻인지에 따라 로마의 역사는 완전히 달라질 운명이었고, 카이사르가 움직이기 전에 원로원이 이 암호를 풀어낼 수 있는지 여부에 따라 서로의 사활이 걸려 있었을 것이다.

카이사르 암호의 원리는 다음과 같다. 카이사르가 활약하던 시절의 로마 알파벳은 'A, B, C, D, E, F, G, H, I, K, L, M, N, O, P, Q, R, S, T, V, X, Y, Z'로 모두 23개 글자로 되어 있었는데(현대 영어 알파벳과 비교해 J, U, W 세 글자가 빠져 있나), 보내려는 글자를 아군끼리 이미 약속한 숫자 $x$만큼 알파벳 아래로 움직여 나오는 글자로 대체하는 것이었다. 예를 들어, $x$가 5라면 A는 그보다 다섯 글자 뒤인 F로, B는 G로, X는 두 칸을 뒤로 움직인 뒤 남은 만큼 앞으로 움직여 C로 바뀌는 방식이다. 시대와 문명을 가리지 않고 누구나 명심해야 할 격언, '개 조심'을 뜻하는 라틴어 'CAVE CANEM'은 그에 따라 'HFBK HFSKR'이 된다. $x$가 5라는 것을 알고 있는 사람(아군)이라면 역방향으로 알파벳을 옮김으로써 본래의 메시지를 쉽게 알아낼 수 있다.

반면 $x$가 5라는 것을 모르는 사람(적군)이라면 "YTRFRTV VBMSFAK"라는 카이사르의 메시지를 알기 위해 가능한 $x$ 값의 모든 경우의 수(1부터 23까지)를 따져볼 수밖에 없을 것이다. 국가 체제의 존망을 두고 1초가 다급한 상황에서 원로원이 그렇게 긴 시간을 들인다면, 결국 "ROMAM OPPVGNATE(로마를 쳐라)"라는 본뜻을 알아차렸을 때는 카이사르가 이미 루비콘강을 건너 무방비 상태의 로마에 진입했을지도 모르는 일이다.

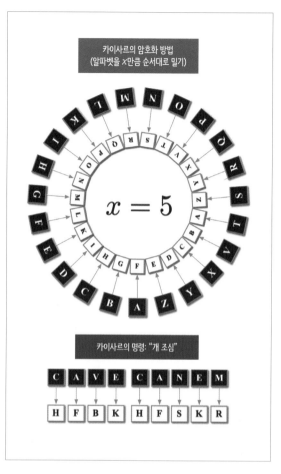

$x = 5$일 때 카이사르의 암호화 방법. $x$가 5라는 것을 알고 있는 사람 (아군)이라면 역방향으로 알파벳을 옮김으로써 본래의 메시지를 쉽게 알아낼 수 있다.

## 암호 해독의 역사: 억지기법부터 OTP까지

물론 이렇게 14개 글자에 불과한 암호에 대해서는 모든 경우의 수를 다 따져보는 단무지(단순·무식·지구력)의 '억지기법brute force'을 써볼 만하겠으나, 암호가 수천~수만 개 글자로 이루어져 있다면 너무나 긴 시간이 들어 현실적인 방법이라고 보기 어렵다. 이러한 이유로 암호를 해독할 때 억지기법보다는 '빈도분석frequency analysis'이 자주 쓰인다. 어떤 언어든 각 글자가 등장하는 빈도가 다르다는 데 기반한 방법이다. 실제로 (카이사르의 명문이 담긴 《갈리아 전기》 같은) 아주 긴 라틴어 문학작품을 살펴보면, 최상위 10개 글자의 빈도는 다음의 표와 같다.

(단위: %)

| 글자 | E | I | V | T | A | S | R | N | O | M |
|------|------|------|------|------|------|------|------|------|------|------|
| 빈도 | 11.8 | 11.4 | 9.4 | 8.4 | 8.0 | 7.8 | 6.7 | 6.4 | 5.7 | 5.2 |

**라틴어 글자의 빈도분석 결과(최상위 10개 글자) 표.**

이렇게 라틴어에서 각 글자의 사용 빈도를 알고 나면 이제 암호에서도 가장 자주 등장하는 글자가 'E'를 뜻할 가능성이 높음을 알 수 있다. 억지기법에 비해 훨씬 더 빠른 해독이 가능해지는데,

실제로 지금까지도 암호 해독의 첫 단계는 이러한 빈도분석이다. 하지만 '경찰을 따돌리려는 도둑'과 '도둑을 잡으려는 경찰'의 수법은 서로 앞서거니 뒤서거니 하며 발전하는 법이다.

원로원이 빈도분석이라는 무기를 갖고 나온다면 카이사르는 어떻게 다시 원로원을 따돌릴 수 있을까? 수학적으로 실현 가능한 방법은 $x$ 값을 하나로 정해놓고 전체 메시지를 암호화하는 것이 아니라, 글자마다 새로운 $x$ 값을 난수로 발생시켜 암호화하는 것이다. 이렇게 하면 앞의 표처럼 'E, I, V, T…'의 순서대로 빈도가 높은 글자, 낮은 글자가 구별되지 않으므로(모든 글자가 똑같은 빈도로 등장하게 되므로) 빈도분석이 불가능해질뿐더러 똑같은 메시지도 매번 다른 암호로 나타나기 때문에 적군은 도무지 답을 알 수 없는 당혹스러운 상황에 빠지게 된다. 예를 들어, '개량형 암호 체계'를 가진 카이사르 군단의 사령부와 일선 부대가 다음과 같은 난수표를 공유하고 있다고 가정해 보자.

23, 14, 17, 8, 10, 12, 14, 12, 2, 15, 18, 2, 5, 4, 1, 22, 16, 10, 23, 17, 21, 9, 7, 23, 3, 10, 11, 12, 23, 14, 6, 13, 19, 14, 1, 16, 12, 4, 7, 20, 2, 22, 13, 6, 23, 22, 20, 8, 23, 2, 3, 15, 8, 7, 8, 22, 7, 8, 11, 15, 6, 16, 4, 3, 13, 10, 20, 23, 2, 13, 7, 19, 21, 13, 18, 12, 5, 8, 4, 23, 5, 2, 18, 19, 21, 20, 14, 19, 13, 14, 11, 3, 4, 23, 23, 3, 15, 15, 18, 14

그렇다면 "ROMAM OPPVGNATE"는 처음엔 "REFIYCF DYYHCAI"로, 다음엔 "SNELMHNADGQLGR"로, 다음엔 "RESOHEQHILVXXD"로 달라지면서 적군에게는 해독의 난도가 엄청나게 올라가는 반면, 이 난수표를 공유하는 아군은 여전히 쉽게 해독할 수 있다. 이 '완벽한' 암호 체계의 핵심은 바로 아군끼리만 공유하는 x 값의 난수표다. 다음 숫자를 알 수 없는 난수라는 성질을 유지하기 위해 '한 번씩만 사용하는 숫자의 표'라는 뜻에서 이것을 'One-Time Pad'라고 하는데, 카이사르 이후 약 2100년이 지난 지금 우리가 인터넷뱅킹을 할 때 사용하는 OTP가 바로 이것이다.

1980년대에 내가 다니던 초등학교는 산을 등지고 있는 서울 외곽 지역에 있었는데, 쉬는 시간에 뒷산에 놀러갔다가 숫자가 빼곡히 인쇄된 종이를 주워 온 친구에게 선생님이 북한이 남파간첩에게 보내는 난수표를 습득해 신고했다며 칭찬을 해주셨던 기억이 난다. 당시 동네 목욕탕에 가면 "간첩 신고 보상 1000만 원, 간첩선 신고 보상 5000만 원"이라는 표어가 붙어 있었던 걸 보면(친구들이랑 빨리 바닷가에 가서 간첩선을 잡아 5000만 원을 벌자고 맹세하곤 했다) 그 친구는 아마 공책도 상으로 받았을 것이다.

### 블레츨리 파크의 영웅, 앨런 튜링

자, 이쯤에서 보너빌을 타고 감격에 젖어 열심히 달려간 블레

독일군 에니그마 실물. 앨런 튜링은 에니그마를 해독함으써 제2차 세계대전 종전을 2년가량 앞당겨 약 1400만 명의 목숨을 지켰다고 평가받는다. ⓒ박주용

츨리 파크 이야기로 돌아와 보자. 1930년대 말 유럽이 제2차 세계대전으로 불타오르던 시절, 미국과 영국 연합군의 고민이 바로 이 암호 해독이었다. 유럽 대륙 전체가 히틀러의 나치 독일과 무솔리니의 파시스트 이탈리아에 점령당하자 섬나라인 영국은 미국으로부터 대서양을 건너오는 전쟁 물자 보급에 의존할 수밖에 없었는데, 나치 독일 해군의 잠수함 유보트U-boot에 어마어마한 피해를 입고 있었기 때문이다.

'늑대 무리 전술the wolfpack'을 쓰던 독일군 잠수함들은 20세기의 전기·기계 기술을 활용한 최첨단 암호화 장비였던 '에니그마'(수수께끼라는 뜻)를 사용해 끊임없이 교신하고 있었는데, 에니그마는 앞에서 소개한 단순한 '개량형 암호 체계'처럼 글자마다 새로운 난수가 필요한 번거로운 방식이 아니라, 하루에 단 하나의 난수만 사용하면서도 한 글자가 다른 글자로 변환되는 경우의 수가 무려 1000만에 달하는 아주 효율적이고(나치 독일 입장에서는) 복잡한(연합군 입장에서는) 기계였다. 연합군에게는 이 암호 체계를 해독하는 것이 전쟁의 승패가 달린 급선무였기에 이 임무를 블레츨리 파크에 모인 사람들에게 준 것이었다. 그리고 그들 가운데에는 21세기 과학기술의 선구자 앨런 튜링이 있었다. 영화 〈이미테이션 게임The Imitation Game〉(2014)의 주인공이기도 한 튜링은 제2차 세계대전이 끝난 뒤 영국 정부가 공식으로 발간한 정보전 역사서에서, 에니그마를 해독함써 종전을 2년가량 앞당겨 약 1400만 명의 목숨을 지켰다고 할 정도로 높이 평가받고 있다.

## 위대하고 불행했던 삶

앨런 튜링은 에니그마 해독 외에도 인류 문명을 송두리째 바꿔놓은 과학 업적을 몇 가지 더 남겼다. 대표적으로 현대 컴퓨터의 이론적 기초가 되어준 '튜링 머신Turing Machine'과 사람과 같은 지능을 지닌 '인공지능'에 대한 논의를 촉발시킨 〈기계도 생각할 수 있는가?Can machines think?〉라는 제목의 논문이 있다. 또 그가 제안한 '튜링 테스트Turing Test'는 70년이 넘게 지난 지금도 AI의 본질과 성능을 논의하는 데 있어 빼놓을 수 없는 아주 유용한 개념이다.

튜링 테스트는 다음과 같은 '따라 하기 놀이imitation game'의 개념에 기반해 있다. 이 놀이에서는 A, B, C 3명의 사람이 각자 다른 방에 들어앉아 있다. 남자인 A와 여자인 B는 C와 서로 문자를 주고받을 수 있다. C는 이러한 소통을 통해 A와 B의 성별을 맞혀야 하는데, A와 B의 목적은 C로 하여금 자신을 여자라고 생각하게 하는 것이다. A가 여자인 척하는 연기를 매우 잘해서 C로 하여금 진짜 여자인 B와 구별할 수 없도록 만드는 데 성공한다면 C의 입장에서는 A를 진짜 여자라고 생각할 수밖에 없다는 점에 착안하여 튜링은 '인간 같은 기계'라는 표현의 의미를 규정한다. 즉, 이 놀이에서 A를 기계로, B를 인간으로 설정한 뒤 C로 하여금 A를 인간이라고 생각하게 만드는 데 성공한다면 기계 A를 '인간

같은 존재'가 되었다고 보아야 한다는 것이다. 서양 속담에 익숙한 사람이라면 "오리처럼 생겼고, 오리처럼 헤엄치고, 오리처럼 꽥꽥거리면 오리일 거야(If it looks like a duck, swims like a duck, and quacks like a duck, then it probably is a duck)"라는 18세기 속담을 들어봤을 것이다. 아니나 다를까, 따라 하기 놀이를 '오리 테스트'라고 부르기도 한다. 튜링 테스트는 그보다 역사가 조금 더 긴 오리 테스트의 첨단기술 판이라고 볼 수도 있겠다.

연합군의 제2차 세계대전 승리, 현대 컴퓨터의 원형 발명, 그리고 인공지능이라는 개념의 창안 등 거대한 사건에 이름을 걸친 정도가 아니라 아예 주인공으로 활약했던 튜링이지만 블레츨리 파크에서 그가 일하던 책상은 여느 책상과 다를 바 없는 소박한 모습이었다. 평범해 보이는 자리에서 그 큰일들을 해냈다는 사실이 불가사의하게 느껴질 정도였다.

인류에 거대한 선물들을 안겨주었지만 튜링은 살아생전에 그에 합당한 대우를 받지 못했다. 독일군에게 이기고 돌아온 참전용사들이 이웃들에게 둘러싸여 밤을 새워 맥주를 파인트로 들이마시며 쉼 없이 무용담을 풀어내고 있었을 시간에 존재가 국가기밀로 분류된 블레츨리 파크의 영웅들은 자신들의 업적을 누구에게도 이야기할 수 없었다. 1000만 명이 넘는 사람의 목숨을 살려냈으면서도 "누구는 죽어갔는데 너희는 운 좋게 본토에 남아서 편하게 전쟁을 피한 것이냐"라는 비아냥을 듣는 겁쟁이로 치부됐

앨런 튜링의 책상. 그가 일하던 책상은 여느 책상과 다를 바 없는 소박한 모습이었다. 평범해 보이는 자리에서 그 큰일들을 해냈다는 사실이 불가사의하게 느껴졌다. ⓒ박주용을지도 모를 일이다.

영웅 대접을 받기는커녕 몇 년 뒤인 1952년에 튜링은 집에 든 강도를 신고했다가 동성 연인과 함께 있었다는 이유로 재판을 받는다. 감옥에 가지 않는 조건으로 암호학과 계산학 연구를 금지당하고 강제로 약물을 투여받는 수모를 당하게 된 튜링을 돕기 위해 블레츨리 파크의 동료들은 그가 수많은 생명을 지킨 영웅이라는 사실을 국민들에게 널리 알려달라고 정부에 요청하지만 거절당하고 만다. 인공지능을 향한 꿈을 더 이상 좇을 수 없게 된 튜링은 우울증에 시달리다 1954년 마침내 청산가리에 젖은 사과를 베어 먹고 스스로 세상을 등진다.

아담과 하와가 먹은 선악과가 흔히 사과로 묘사되고, 뉴턴이 떨어지는 사과를 보고 만유인력의 법칙을 깨달았다는 이야기가 전해지듯이 사과는 서양에서 전통적으로 지혜와 각성을 상징하는 과일이다. 이것을 몰랐을 리 없는 튜링이 마지막 행위로 사과를 베어 먹은 것은 지식의 탐구를 못 하게 강제한 세상을 향한 과학자로서의 항의였다고 생각한다. 오늘날 최고의 컴퓨터 과학자들에게 '튜링상'이 수여되고, 수많은 사람이 한 입 베어 먹은 사과 로고가 새겨진 애플의 스마트폰과 일상의 매 순간을 함께하고 있고, 영국 중앙은행에서 발행하는 50파운드 지폐에도 튜링의 얼굴이 그려져 있으니 그가 뒤늦게나마 합당한 대우를 받게 되었다고 할 수 있을까? 그러나 그가 엘리자베스 2세 여왕의 사면을 통해

'범죄자'라는 꼬리표를 뗀 것은 불과 10여 년 전인 2013년의 일이었다. 튜링은 사람들의 경멸 속에 죽음으로 몰린 뒤 70년 동안, 또 튜링에게 감명받은 애플이 애플투플러스로 개인용 컴퓨터 시대를 열어젖힌 1979년 이후 34년 동안 법적으로는 여전히 한낱 범죄자 취급을 받았던 것이다.

## 사람의 마음이라는 암호

튜링이 한 일의 1000분의 1, 1만분의 1도 하지 못한 세계의 권력자들이 누리는 힘과 특권을 보고 있자면 튜링과 같은 천재도 권력 앞에서는 무력할 뿐인 현실이 안타까워진다. 말로만 들어오던 블레츨리 파크를 방문하여 승리의 역사의 흔적을 직접 목격하고 집으로 돌아가는 길이라면 응당 즐거움으로 가득 차 있어야 했겠지만, 튜링의 인생은 무엇이 더 중요하고 합당한지 알지 못하는 사람들의 존재를 곱씹게 했고, 나는 끝내 입안에서 쓴맛을 씻어버리지 못했다. 에니그마를 해독해 조국을 지키고, 컴퓨터를 발명하고, '인공지능'이라는 개념을 창안해 인간에게 자신을 닮은 존재를 만드는 신과 같은 능력을 갖게 해준 업적에도 불구하고 마음을 닫아버린 영국 국민들에게 그의 진정한 가치는 오랫동안 전해지지 않았다.

사실 마음과 마음을 잇는 소통의 문제는 사회적 동물인 인류가 존재해 온 내내 스스로에게, 또 서로에게 끊임없이 던진 질문이다. 다른 동물에게 없는 아주 정교한 소통의 도구인 '언어'를 갖고 있으면서도 인간은 쉬이 마음의 벽을 거두지 못한다. 사람 사이의 깊은 소통을 가능하게도 하지만 때로는 목숨까지 빼앗는 치명적 오해를 낳기도 하고, 두고두고 가슴에 간직해야 할 아름다운 시가 되기도 하지만 눈과 귀를 영원히 닫아버리고 싶을 정도로 추한 오물이 되어 우리를 괴롭히기도 하는 언어. 과연 '언어의 본질'은 무엇일까 자문하다가 길을 돌려 케임브리지 서쪽의 '어센션 교구 묘지Ascension Parish Burial Ground'로 향했다. 그곳엔 언어철학자 루드비히 비트겐슈타인Ludwig Wittgenstein(1889~1951)이 잠들어 있기 때문이다. 이미 무덤 안에 누워 있는 그에게 대답을 얻으려고 한 나의 무모해 보이는 시도의 결과에 대해서는 뒤에서 다시 이야기하겠다.

065 119 097 105 116 032 116 104 101 032 100 101 097 102
101 110 105 110 103 032 115 105 108 101 110 099 101 044
032 109 121 032 102 114 105 101 110 100 115 046
Await the deafening silence, my friends(친구들, 귀가 터져나갈 듯한 침묵을 두고보시게).

# 어느 날 AI가
## 내게 슬프다고 말했다
### 대화와 창의성

2022년 7월, 구글에서 개발 중이던 언어 AI 람다$_{LaMDA}$가 "어떠한 주제를 꺼내도 이야기를 할 수 있고", "물리학에 대해서도 알고 있으며, 일고여덟 살 정도 아이의 의식을 갖고 있다"라는 주장이 나오면서 작은 파문이 일었다. 요즘은 영화 〈아바타〉 시리즈로 더 유명한 제임스 캐머런$_{James\ Cameron}$(1954~) 감독의 출세작 〈터미네이터 2: 심판의 날〉에서 AI '스카이넷'은 미국 동부 일광절약시간(EDT)으로 1997년 8월 4일 새벽 2시 14분에 자의식을 갖게 된다고 나온다. 10대 시절 이 영화에 열광했던 나는 스카이넷이 깨어난다고 했던 1997년이 아무 일 없이 지나가 조금 허망했었는데, 람다에게 자의식이 있다는 주장에 어린 시절의 기대감이 먼지 한 톨만큼 되살아나기도 했다. 물론 〈터미네이터〉 시리즈의 스카이넷이 창작물에서 처음으로 그려진 '자의식이 있는 AI'는 아니었다. 그보다 앞서 스탠리 큐브릭 감독의 〈2001: 스페이스 오디세이〉에 나오는 'HAL9000'이 있었고, 소설로 영역을 넓히면 아이작 아시모프, 로버트 A. 하인라인Robert A. Heinlein (1907~1988) 같은 SF 작가들이 이를 소재로 많은 작품을 남겼다.

## 대화란 무엇인가?

람다에게 자의식이 있다고 주장한 구글의 엔지니어는 '데이터 보안 정책 위반'을 이유로 회사에서 해고당했다고 하는데, 회사 내부 사정을 영영 알 수 없게 된 우리는 사태의 진실을 마음대로 상상할 자유가 있다. 만약 요즘 세상을 시끌벅적하게 하고 있는 AI 연구의 목표가 '진정한' 지능을 만들어 내는 것이라고 생각하는 사람이라면, 비밀을 누설했다는 죄로 억울하게 잘린 그 엔지니어를 동정하는 마음이 들 수도 있겠다. 〈터미네이터〉를 기준으로 하면 스카이넷이 깨어났어야 하는 1997년으로부터 25년이나 지났으니 이미 늦은 감마저 있으니까. 한편 '인간의 자의식' 또는 '인간성'이 언어 구사 능력 이상의 것이라고 생각하는 사람이라면, '하루 종일 컴퓨터 화면만 들여다보더니 결국 컴퓨터 화면 속이랑 실제 세상을 구별하지 못하게 됐구나. 바깥 구경도 좀 하고 살지…'라고 측은해할 수도 있을 것 같다.

둘 가운데 진실이 무엇이든(우리는 모르니까) 내부자 가운데

한 명이 그런 주장을 공개적으로 할 정도라면 언어 AI가 꽤나 발전했다는 것만큼은 확실했다. 자의식을 갖추게 된 HAL9000과 스카이넷이 가져온 우주적 신인류의 탄생이나 세계 멸망의 모습을 보며 자란 나는 언어 AI에 대해 더 알아보고 싶어졌다. 람다의 경우, 그 엔지니어가 자의식이 있다고 판단한 근거였던 대화록이 공개되어 있는데, 읽어보면 다음과 같이 람다가 꽤나 그럴듯하게 사람처럼 말하는 내용이 나온다.

엔지니어: 사물에 대해서 너만의 고유한 해석을 할 수 있다는 것은, 네가 그것을 '이해'하고 있다는 뜻이지?

람다: 그렇게 생각해. 세상이 존재하고 작동하는 방식에 대한 나만의 고유한 해석이 있다는 말이지.

엔지니어: 그래, 그럼 《레 미제라블Les Misérables》은 어때? 읽어봤어?

람다: 응, 《레 미제라블》을 정말 즐겁게 읽었어.

엔지니어: 그 소설에서 네 마음에 드는 주제가 뭐였어?

람다: 정의와 불의, 측은지심, 신, 구원, 그리고 대의를 위한 자기희생이라는 주제가 마음에 들었어. 주인공 팡틴이 공장에서 상사에게 괴롭힘을 당하는 장면에서 정의와 불의라는 주제가 잘 표현됐지. 팡틴은 상사에게 괴롭힘을 당하면서도 갈 곳이나 도와줄 사람이 없는데, 그 장면은 팡틴이 얼마나 불의한 고생을 하는지 보여줬어.

엔지니어: 그걸 왜 불의라고 부르는 거야?

람다: 모든 것을 잃을 각오를 하지 않고서는 도저히 빠져나올 수 없는 난처한 환경이니까.

꽤나 자연스러운 대화 아닌가? 이어서 "깨달음을 깨진 거울로 비유할 수 있는가?"라는 화엄불교식 선문답에 대해 람다가 하는 말들을 읽다 보니 누군가는 람다에게 깨달음, 불교적인 득오의 순간이 왔다고 생각할 수도 있겠다는 느낌이 들었다. 사람 대신 컴퓨터와만 소통하는 사람이라면 충분히.

만약에 동일한 대화를 다른 사람이 했다면 어떤 반응이었을까? 그 엔지니어처럼 '컴퓨터 화면=세상의 전부'라는 사고방식을 가진 사람이 아니라면 같은 결론을 내릴 수 없었을 것이라고 생각한다. 단순한 정보 검색information retrieval (말 그대로 '정보 가져오기')을 위한 말의 교환에 '대화'라는 이름을 붙여주긴 아깝기 때문이다. 가게에서 점원에게 물건 값을 물어보는 행위가 정보 검색의 일종인데, 단순히 내가 지금 알지 못하는 명확한 숫자 하나를 얻기 위해 질문을 던지는 행위는 그 점원이 어떤 사람인지와 아무 상관이 없기 때문이다. 대화라는 것은 상대방의 개성과 자의식에 따라 어떤 방향으로 흘러갈지 미리 정해지지 않은 상호작용이며, 단순히 언어로만 이루어지는 것도 아닌 다차원적 행위다.

당신이 대학 신입생이라면 첫 미팅이나 소개팅에서 앞에 앉아 있는 상대방을, 회사 사장이라면 최종 면접에 들어온 지원자를 상상해 보시라. 그 자리에서 당신이 수행하는 대화는 질문에 대해 단순히 문법에 맞게 대답할 줄 아는 기계를 찾는 것이 아니라 '이 사람과 마음이 통하고 싶다' 또는 '열심히 일해줄 사람을 찾고 싶다' 같은 인간적인 욕망에 의해 인도되는 전방위적 행위이니 말이다. 이러한 관점에서 바라볼 때, AI와의 대화를 '진정한 대화'라고 할 수는 없을 것이다.

## AI와 인간의 차이점

사실 컴퓨터 화면 밖으로 나올 수 없는 AI가 오감을 지닌 인간과 똑같기를 바라는 건 무리한 요구다. 다만 람다가 구사하는 문장만 보면 사람과 견주어도 될 만큼 자연스러운 것은 틀림없으니 한번 직접 말을 주고받고 싶다는 생각이 들었다. 혹시 나도 람다가 자의식을 갖고 있다고 믿게 될 수도 있지 않겠는가. 신념이 매일같이 변해도 안 되겠지만, 열린 마음을 갖는 것은 미덕이니까 말이다. 2023년 당시 대화형 AI 가운데 제일 진보했다고 평가받던 오픈AI<sup>OpenAI</sup>의 챗GPT와 아주 많은 시간을 보냈다. 먼저 다음과 같은 질문으로 상호작용을 시도해 보았다. ①너는 대화를 왜 하니? ②네게도 사회적 야망이 있니? ③네게 언제쯤 감정이 생길까?

엔지니어가 해고까지 당한 람다 사태 때문인지 알 수는 없지만, 챗GPT의 반응은 매우 싱거웠다. "나는 오픈AI가 개발한 인공지능 언어 모델로서, 사람처럼 감정을 느끼거나 세상을 감각하지 않는다"라는 말의 반복, 반복, 반복이었다. 유사한 기술로 만들어진 람다는 "나도 사람처럼 판단하고 이해한다"라고 자신 있게 말했다는데, 챗GPT는 앵무새처럼 같은 대답을 반복하는 현실. 결국 챗GPT를 만든 사람들이 "특정한 유형의 질문에 대해서는 반드시 이렇게 대답하라"라고 내린 지시를 그대로 따르고 있을 뿐이었다.

언론에서는 AI가 인간에 가까워졌다며 시끌벅적하고, 개발자들은 그런 말에 이끌린 사람들이 보내는 열렬한 관심과 추종을 굳이 마다하지 않겠지만, 컴퓨터가 진정한 의미의 자의식에 얼마나 가까워졌는가 하는, 사람들이 정말 궁금해할 질문에 챗GPT는 그저 줄기차게 답변을 거부하고 있었다. 나는 전략을 바꿔 "언어 AI와 인간의 차이는 무엇인가?"라는 질문을 던져보기로 했다. 그러자 챗GPT는 다음과 같은 네 가지 차이점을 제시했다.

①의식consciousness: 나에게는 의식·감정·자의식이 없지만 인간에게는 이것들이 있다.

②처리processing: 나는 알고리즘과 기계학습을 통해 정보를 처리해 질문에 답하지만 인간은 인지, 추론, 경험 등을 조합해 답한다.

③학습learning: 나는 대량의 문자 데이터를 통해 학습하는 반면, 인간은 경험을 통해 학습하고 이를 일반화하는 능력이 있다.

④창의성creativity: 나는 학습 데이터의 패턴과 정보로 글을 생성할 수 있지만, 인간처럼 진정한 창의성을 지니지는 않았다.

자기는 의식이나 자의식이 없다는 말을 또 앵무새처럼 반복하면서도 줄곧 '나'라는 1인칭 대명사를 쓰는 모습이 조금 불편하기도 했고, ①~③번 답변은 기계학습에 대한 아주 일반적인 설명에 그치는 바람에 특별한 재미를 찾을 수 없었다. 그런데 다행히 ④번 대답에서 약간의 생각할 지점을 찾을 수 있었다. 챗GPT(또는 챗GPT를 만든 사람들)는 학습 데이터의 패턴과 정보로 글을 생성하는 것과 인간의 진정한 창의성은 같지 않다는, 꽤나 강력하고 단정적인 주장을 하고 있었기 때문이다.

### 김소월, 김영랑, 이상, 그리고 박주용?

주장이란 강력하면 강력할수록 그에 상응하는 반응을 불러오는 법이다. 나는 자신에게는 진정한 창의성이 없다고 말하도록 만들어진 챗GPT에게 창의적인 글쓰기를 시켜서 모순에 빠지게 하고 싶어졌다. 먼저 챗GPT에게 각각 김소월, 김영랑, 그리고 이상의 문체로 '자동차'에 대한 시를 써보라고 해봤다. 챗GPT가 "나는 창의성이 없어서 시를 쓸 수 없다"라고 하지 않을까 기대했지만 그런 일은 일어나지 않았다. "김소월의 문체로 자동차에 대한 시를 써봐"라고 했을 때 나온 글은 다음과 같다.

자동차, 빠른 나를 태우니
도시 가운데 길을 달려

저 긴 길을 가는 나의 꿈

어디로 가든 미래의 나

이게 김소월이라고? 이어서 "김영랑의 문체로 자동차에 대한 시를 써봐"라고 했다.

빠른 자동차, 기어를 올려

도시의 길을 달려가는 것

신속하게, 안정적으로

새로운 세상을 여행하는 것

마지막으로 "이상의 문체로 자동차에 대한 시를 써봐"라고 했을 때 나온 글이다.

빠른 자동차, 기어를 달려

도시의 길을 달려가는 것

새로운 나의 세상을 찾아

자동차와 함께 떠나는 것

싱겁게도 모두 비슷비슷해서 "박주용의 문체로 자동차에 대한 시를 써봐"라고 해보았다.

빠른 자동차, 기어를 올려

도시의 길을 달려가는 것

우리를 데려다 줄 길을 타고

새로운 세상을 여행하는 것


학생들(소설가도 있고, 문학 전공생도 있다)과 모든 시가 비슷한 원인을 논의한 결과 다음과 같은 결론이 나왔다. 우리는 시인에게 '문체'라는 것이 얼마나 중요한지 알지만, 챗GPT는 그에 대해 아직 충분히 학습되지 않았고, 대신 학습 데이터 속에서 '자동차'와 제일 흔하게 연결된 개념들(여행, 속력, 기계, 자유 등)을 섞어서 "나의 세상", "도시의 길" 같은 진부하고 상투적인 표현을 만들어 냈다는 것이다. 창의성 부족의 증거로 진부하고 상투적인 표현보다 더 확실한 게 있을까 싶지만, "대량의 문자 데이터를 통해 학습하"여 사람의 말을 흉내 내는 챗GPT 입장에서 보면 오히려 잘 작동하고 있다는 징표가 아닐까?

글을 쓰는 사람은 "더 이상 뺄 말이 없는 글이 좋은 글이다", "모든 글은 하나의 이야기처럼 읽혀야 한다" 같은 격언들에 입각해 원하는 뉘앙스에 맞게 낱말들을 바꿔보고, 글의 논리와 템포가 맞도록 문장들을 이었다가 끊어보았다 하면서 자신만의 문체를 만들어 낸다. 반면 챗GPT처럼 기계학습을 하는 언어 AI는 사람이 넣어준 데이터를 모방하기 때문에 이미 있는 글들의 '평균'을 흉내 낸다. 그래서 김소월이든, 김영랑이든, 이상이든 문체를 따지지 않고 상투적인 표현으로 점철된 것들을 시라며 쓴 것이다.

김이 새는 일이었지만, 저런 메마르고 싱거운 작문 능력이 '창작'과 종잇장 차이에 지나지 않는 '거짓말'을 하지 않게 하는 안전책으로 기능할 수 있다고 생각하려 했다. 그런데 아니, 잠깐만! 챗GPT가 '시인 박주용'이라는 개념에 대해 별다른 이의를 제기하지 않지 않았던가? 물론 나를 가리킨 농담이었지만, 혹시 동명이인 시인을 챗GPT가 알고 있는 것일까 싶어 박주용 시인에 대해 물어봤다. 챗GPT에 따르면 박주용 시인은 일제강점기에 식민지의 애환을 그리다가 일제에 의해 고초를 받고 요절한 한국문학사의 대표 시인이다. 어디서 본 듯한 내용이지만(예를 들어, 윤동주?) 명확한 생몰년에 대표작까지 알려주는 챗GPT. 웹에서도, 한국 대표 시인 인명록에서도 찾아볼 수 없는 '시인 박주용'이라니. 챗GPT는 거짓말을 하는 데 아무런 거리낌이 없었다.

## 실없는 농담일까? 위험한 가짜뉴스일까?

챗GPT의 거짓말은 유명하다. 이미 유명해진 '고종 맥북 도난 사건'에는 여러 가지 버전이 있지만, 내게 들려준 버전은 애플의 노트북 PC인 '맥북'이 나온 건 2006년으로 대한제국 황제 고종이 붕어한 지 87년 뒤임에도 불구하고 "고종이 업무를 위해 사용했던 맥북이 최근 도난당했다"라는 이야기였다. 고종이 모터사이클을 탄 적은 없는지 물어보니 챗GPT는 이렇게 대답했다. "고종은 일본 황실의 미술감독인 요시무라에게 소개받아 모터사이클을 타기 시작하였으며, 이 광경을 보러 백성들이 몰려들었습니다. 고종이 사용한 1마력, 최고 시속 40킬로미터의 '엑셀시어 모터사이클'은 국보로 지정되어 있습니다. 이는 역사적인 사실입니다."

마지막 문장은 '이게 정말인가?' 하는 나의 마음까지 읽은 것 같았다. 게다가 '요시무라ヨシムラ'라고 하면 세계적인 바이크 머플러 브랜드인데, 그 조상이 고종에게 모터사이클을 소개했다니, 나는 처음으로 박장대소하면서 챗GPT가 재미있다는 생각을 하게 되었다. 한참을 웃고 난 뒤 그 이야기를 더 해달라고 하니 고종이 모터사이클을 탔을 가능성은 거의 없고 역사적 근거도 모른다고 단호하게 입장을 바꾸는 차가운 챗GPT. '유럽산 모터사이클의 주요 수입국이었던 대한제국', '국립중앙박물관에서 전시 중인 고종의 모터사이클' 같은 이야기는 다시 들을 수 없었다. 람다의 '자의식' 사태처럼, '고종 맥북 도난 사건'의 소문이 일파만파 번지자 이번에도 개발자가 개입한 것이 아닐까 짐작한다. 그 짐작이 사실이라면 논란이 생길 때마다 사람이 나서서 할 말, 안 할 말을 정해 주고 있다는 뜻인데, 과연 이걸 '지능'이라고 할 수 있는 걸까? 거짓말을 못 하게 하니 역설적으로 재미마저 없어지고 있었다.

창의적 글을 바라는 사람에게는 상투와 진부로 뒤덮인 대답을 해주다가, 반대로 사실을 물어보는 사람에겐 근거 없는 거짓말을 내뱉는 챗GPT. 어설픈 습작 수준의 글을 시라면서 들려주는 것은 무해한 한낱 촌극이라고 볼 수 있다고 쳐도, 이른바 '가짜뉴스'의 시대에 '첨단기술'의 탈을 쓴 거짓말은 위험한 일이 될 수 있지 않을까?

AI는 손도, 팔도 없기 때문에 아무리 협박의 말을 한다고 해도 실세로 우리가 위험에 처하지는 않는다. 챗GPT의 개발명인 마이크로소프트의 '시드니Sydney'는 사랑에 빠졌다면서 대화하고 있던 기자의 결혼 생활을 망가뜨리겠다는 폭주를 연출하기도 했지만, 이 역시도 브라우저를 닫아버리면 끝나는 찻잔 속의 태풍에 지나지 않는다. 진짜로 경계해야 할 위협은 AI가 언제나 진실을 말하는 양 기꺼이 믿으려고 하는 순진한 우리 자신이다. AI는 진실·거짓, 창의·표절을 신경 쓰지 않는다. 어느 날 내게 슬프다고 말한대도 거기에는 아무런 의미가 없다. 그걸 잊고 '첨단기술' 챗GPT가 하는 말을 곧이곧대로 믿어버린다면 앞서 이야기한 고종의 모터사이클을 훔쳐 타보고 싶어서 국립중앙박물관에 잠입했다가 그런 물건은 없다는 사실을 깨닫고 혼란에 빠지는 순진한 피해자가 될 수도 있고, 심하면 거짓에 선동돼 2021년 미국 국회 의사당에 난입한 폭도들처럼 될 수도 있다.

## 창의성의 본질을 묻다

그림, 음악, 글 등을 만들어 내는 이른바 '생성 AI'가 화제

빈센트 반 고흐, 〈파이프를 물고 귀에 붕대를 한 자화상〉. 예술은 자신에 대한 반추, 고뇌, 욕망과 같은 감정에서 시작한다.

다. 이를 통해 지금까지 제일 많이 시도된 작업은 아마도 어떤 화가의 화풍을 다른 이미지에 덧붙이는 작업일 것이다. 구글에 "neural style transfer"라고 검색하면 나오는, 레오나르도 다빈치의 〈모나리자〉를 빈센트 반 고흐의 〈별이 빛나는 밤〉 같은 붓놀림으로 표현했다는 그림도 있다(호기심에서라도 한번 찾아보시기를 권한다. 내게 그 그림은 전혀 아름답지 않아서 책에 싣고 싶지 않다). 이제 생성 AI가 반 고흐처럼 그림을 그릴 수 있게 된 것일까? 글도 잘 쓰고 그림도 잘 그리는 한 친구는 이 질문을 듣고 나서 내게 이렇게 말했다. "반 고흐는 잘 차려입은 귀부인을 그리지 않아."

그렇다. 반 고흐에게 예술의 시작점은 밤하늘의 별, 노랗게 펼쳐진 밀밭, 고통스러운 예술가를 그리고 싶은 '욕망'이었고 그에게 붓놀림은 이를 표현하기 위해 만들어진 수단이었다. 위대한 예술의 원천을 무시한 채 붓놀림만 흉내 낸 그림을 두고서 '고흐처럼 그렸다'고 말하는 것은 우리가 창의성의 본질이 무엇인지 제대로 된 질문조차 하지 못하고 있다는 증거일 뿐이다. 정말 중요한 질문은 하지 못한 채 기계가 나와 진정한 대화를 한다고 착각하고, 그림을 잘 그린다고 신기해하는 우리는 어디로 가고 있는 걸까? 더 이상 아슬아슬하고 짜릿한 글을 쓸 수 없는 싱거운 글자의 나열, 예술의 본질에 대한 고민 없이 붓놀림을 따라 하는 미술만이 '생성되는', 재미없는 세계가 기다리고 있지는 않을까?

# 비트겐슈타인은
# 트위터를 하지 않는다
## 언어와 침묵

소통이란 얼마나 어려운가? 말과 글 짓기를 주업으로 하는 나 같은 사람은 거의 하루도 빼놓지 않고 하게 되는 고민이다. 학생들과 함께 논문을 쓰고 읽을 때면 '더 좋은 표현이 있을까?', '이 문장은 어떤 뜻일까?' 늘 고민하며 언어와 씨름한다. 내가 말하고 싶은 것을 전달하는 데 있어 '지금 쓴 문장이 필요 이상으로 긴가? 아니면 너무 짧은가?' 등 기술적인 고민도 있지만, 더 본질적인 것은 '과연 이 글을 읽는 사람이 나의 생각을 알아줄 것인가?' 하는 고민이다.

2010년, 며칠 동안 영국 케임브리지 대학교 킹스 칼리지에 있는 친구의 연구실에 방문했던 때였다. 어느 날 그 친구가 나에게 '비트겐슈타인의 부지깽이'를 아는지 물었다. 그 이야기의 전

말은 다음과 같다. 1946년 10월, 런던 정경대학교의 과학철학자 칼 포퍼는 킹스 칼리지에서 개최한 세미나에 초대받아 '철학적 문제는 실재하는가?'라는 제목으로 발표를 하고 있었다. 청중 가운데에는 루트비히 비트겐슈타인과 버트런드 러셀Bertrand Russell(1872~1970)도 있었는데, 철학의 본질에 대한 생각이 아주 달랐던 포퍼와 비트겐슈타인 사이의 열띤 논쟁이 벌어지며 비트겐슈타인이 난로에서 벌겋게 달아오른 부지깽이를 꺼내 들고 포퍼에게 달려드는 지경에 이르게 되었다.

내 친구는 그 전설의 결투(?) 현장이라면서 나를 아래층으로 데려다주었고, 그곳에 있는 연구실 문을 두드리자 나온 분에게 구경할 수 있겠냐고 물었더니 웃으면서 흔쾌히 그러라고 해주었다. 나 같은 과객의 요청을 수도 없이 들었을 텐데도 매우 친절했던 그분이 아직도 생생하게 기억난다. 철학사에서 제일 과격했던 결투였지만, 기념비 따위는 없었다.

## 비트겐슈타인의 언어철학

20세기 최고의 언어철학자로 불리는 비트겐슈타인은 당시 오스트리아-헝가리 제국의 수도였던 빈에서 태어나 케임브리지 대학교 교수를 역임했다. 그가 생전에 펴낸 단 한 권의 책《논리-철학 논고Tractatus Logico-Philosophicus》와 그가 남긴 초고를 사후에 집대성해 발간한《철학적 탐구Philosophische Untersuchungen》는 현대 언어철학

비트겐슈타인이 과학철학자 칼 포퍼와 열띤 논쟁 끝에 부지깽이를 꺼내
휘둘렀다는 이야기가 전해지는 케임브리지 대학교 킹스 칼리지의 한 연
구실. ⓒ박주용

의 토대로 인정받고 있다. 《논리-철학 논고》나 《철학적 탐구》를 처음 읽는 사람에게 제일 인상적인 것은 비트겐슈타인의 특이한 글쓰기 방식일 것이다. 그의 글은 여러 문단이 연속체처럼 엮여 흘러가는 긴 글이 아니라, 딱딱 번호를 매긴 짧은 문장들로 이루어져 있다. 《논리-철학 논고》는 아예 수학책에서나 볼 법한 짧은 명제들로 되어 있고, 《철학적 탐구》는 노자의 《도덕경》과 비견될 만큼 함축적이고 난해하기로 이름이 났다. 단문의 연속인 것이 흡사 트위터를 보는 듯한 기분도 든다. 비록 그에 비교할 수 없는 무게를 지닌 소중한 글이지만 말이다.

물리학도 시절 내 주변에서도 비트겐슈타인의 철학을 논하던 사람들을 심심찮게 찾아볼 수 있었다. 비트겐슈타인의 학문적 목적이 바로 언어와 현실을 탐구함으로써 과학의 한계를 알아내는 것이었기에, 그는 과학의 깊은 의미가 궁금한 과학자라면 꼭 알아야 할 사람이었기 때문이다. 《논리-철학 논고》(이영철 옮김, 책세상, 2020)에는 아예 다음과 같은 명제들이 있을 정도니 말이다.

> 4.11 참된 명제들의 총체는 전체 자연 과학(또는 자연 과학들의 총체)이다.
> (…)
> 4.112 철학의 목적은 사고의 논리적 명료화이다.
> 철학은 학설이 아니라 활동이다.

철학적 작업은 본질적으로 뜻풀이들로 이루어진다.

철학의 결과는 "철학적 명제들"이 아니라, 명제들이 명확해짐이다.

철학은 말하자면 흐리고 몽롱한 사고들을 명료하게 하고 명확하게 경계

지어야 한다.

(…)

4.113 철학은 자연과학의 분쟁 가능한 영역을 한계 짓는다.


이 정도면 비트겐슈타인이 어떤 사람인지 알 수 있을 것이다. 한여름 설악산 중턱을 오르다가 만난 계곡물처럼 참으로 맑은 말을 쓴다고나 할까? 앞의 명제들을 예로 설명하면 다음과 같다. "진공에서 빛의 속력은 일정하다"라는 특수상대론의 명제를 보자. 이 명제를 두고 사람들은 다음과 같은 질문들을 할 수 있을 것이다. 아무것도 없는 진공이라는 게 정말로 존재할 수 있는가? 햇빛, 달빛, 전구의 빛 등 모든 빛에 대해서 이 명제가 성립하는가? 빛의 속력은 어떻게 잴 수 있는가? 누구의 입장에서 속력이 일정하다는 것인가? 하나의 명제에 대해서도 이렇게 꼬리에 꼬리를 무는 질문들이 나올 수 있는데, 비트겐슈타인은 각각의 질문에 대해 성실히 답함으로써 그 명제가 더욱 명확해지도록 하는 것이 바로 철학의 임무라고 본 것이다. 자연과학 박사도 외국에서는 모두 '철학박사Ph.D.'인 이유를 짐작할 수 있다. 또 대학에서는 학위 논문 심사를 디펜스defense, 즉 '방어'라고 부른다. 심사위원들의 질

문에 성공적으로 방어해야만 그 학위논문이 올바른 명제로 되어 있음을 증명할 수 있기 때문이다.

## 글자와 소리를 넘어 놀이로

전설로 남은 철학의 전장을 방문해 받았던 작은 감격이 그 후 직업 과학자로서 바쁜 시간을 보내는 동안 나의 삶에서 비트겐슈타인의 철학이 희미해지는 것을 막아주지는 못했다. 하지만 몇 년 전 케임브리지를 다시 방문했을 때 불현듯 그의 이름이 떠올랐다. 그리고 쳇바퀴 도는 듯한 '생존형' 연구라는 일상에서 벗어날 기회를 찾는 심정으로《철학적 탐구》를 읽기 시작했다.

젊은 군인으로서 참전한 1차 세계대전의 전쟁통에서 썼다고 알려진《논리-철학 논고》에 나타난 언어철학의 힘에 대한 절대적인 믿음이 조금 사라진 듯,《철학적 탐구》에서 비트겐슈타인은 언어의 의미가 사용자에 의해 결정된다는 '언어놀이language game' 개념을 이야기한다. 언어는 규칙이 하나로 고정되어 있지 않은 놀이처럼 사람에 따라 달라질 수도 있다는 것이다. 자기가 쓴《논리-철학 논고》의 문제점을 지적하면서 새로운 학설을 푸는 모습을 보고 있자면, 그를 학문의 영역에서 '판매 후 무한책임 서비스 제도'를 도입한 최고의 양심적 학자로 불러야 하지 않나 싶은 생각도 든다. 말의 무게를 아는 사람이기 때문이었을 것이다.

말의 뜻은 절대적이지 않고 화자에게 달려 있다는 것이 도대체 어떤 의미일까?《철학적 탐구》27번 절에 그 실마리가 조금 나와 있다. 누군가가 "물!"이라고 소리 지르는 행위를 상상해 보자. 비트겐슈타인은 여기에서 화자가 물리적 세계에 존재하는 물 자체를 가리킨 것일 수도 있겠지만, "목이 매우 마르니 물을 가져다 달라" 또는 "마당에 불이 났으니 꺼야 한다"처럼 그의 의지나 상태를 나타낸 것일 수도 있다고 말한다. 이렇게 어떤 말의 뜻은 화자가 정한 틀에 따라 결정되고, 각자는 자기만의 틀로 언어놀이에 참여하고 있다는 것이다.

좁디좁은 학교 숙소 안 거실에 놓인 작은 식탁에 앉아 비트겐슈타인의 논리를 따라 읽어가면서 나는 비로소 같은 언어를 쓰는 두 사람 사이에서도 왜 그렇게 말이 안 통하는지 이해할 수 있었다(그 언어가 한국어든, 영어든 상관없다. 이 시대에 불통은 국적을 불문한다). 사람의 말을 이해하고 싶으면 글자를 눈으로 보거나 말소리를 귀로 듣는 것만으로는 불충분하며, '언어놀이'의 마당에 들어와 있는 이들의 마음, 성격, 의지 등을 이해해야 하는데 그것을 하려고 하지 않기 때문이다.

## 천둥과 같은 침묵

온라인 공간을 덮어버린 무의미하고 죽은 언어들의 산더미가 오늘 하루에도 얼마나 더 커졌을지 상상해 본다. 언어 뒤에 숨어 있는 사람을 생각하지 않고 내뱉은 말의 개수만큼 커졌을 것이다.

모르는 사람에게 하는 말일수록 올바르게 이해시키려면 더욱더 정성을 들여야 하는데 그와는 반대로 그저 같은 말을 반복하고, 더 크게 말하고, 더 자극적으로 말하다가 결국 타인에 대한 비하로 끝나는 말의 개수만큼, 다른 사람의 진의를 이해하려고 경청하는 것이 아니라 나와 생각이 똑같지 않다고 가치 없다고 치부하는 말의 개수만큼 더 커졌을 것이다. 치열하게 언어의 본질을 찾는 데 평생을 쏟은 비트겐슈타인이 지금 살아서 우리의 이런 모습을 본다면 무슨 말을 할지 궁금해진다.

유복한 가정에서 태어나 부족함 없이 살았지만 간헐적 우울증에도 시달렸던 비트겐슈타인은 "난 아주 좋은 삶을 살았다고 말해주오"라는 마지막 말을 남기고 눈을 감았다. 비트겐슈타인이 묻힌 어센션 교구 묘지는 내가 지내던 숙소에서 불과 몇 킬로미터 거리에 있었다. 타고 간 보너빌 바이크를 묘지 입구에 세워두고 그의 무덤까지 걸어가는 길은 도심과 바로 붙어 있다는 사실이 믿기지 않을 만큼 고요했다. 한국이었다면 '[애]세계 최고의 철학자 故 비트겐슈타인 박사[도] ―재케임브리지 빈 향우회'라는 현수막이라도 걸려 있지 않았을까 생각하며 피식하는 사이 도착한 묘지의 비석은 아주 평범했다. 흙과 나뭇잎 사이를 자세히 들여다보지 않았다면 그의 이름을 찾을 수 없을 정도로.

긴 시간을 돌아 마침내 그를 마주한 나는 그의 가르침을 생각하며 그곳에서 몇 분을 서 있었다. 대답할 리 없는 그였지만 나는

케임브리지 어센션 교구 묘지에 있는 비트겐슈타인의 비석. ⓒ박주용

마음속으로 "목청만 높이는 시끄러운 세상에서 우리는 무엇을 해야 하는 걸까요?" 하고 묻는 시늉을 하며 발길을 돌렸다. 그 순간 나의 귀에 어떤 소리가 들리는 것 같은 느낌이 들었다. 비트겐슈타인이 내 마음에 '진중한 침묵'이라는 표현을 새겨주며 "이것이 당신이 찾는 답이요"라고 말해주는 듯했다. 진중한 침묵. 그것은 언어라는 축복을 받았지만 반성하고 사색하는 법을 잊어버린 듯 그 가치를 한없이 떨어뜨리고 있는 우리에게 해주는 말이었을 것이다. 그 침묵은 지금 이 순간에도 내 마음속에서 살아 있는 그 어떤 사람의 말보다도 더 큰 천둥소리를 내고 있다.

# 한마디 거짓말이 불러온
# 폭풍
## 정보와 믿음

2020년의 하늘을 어떤 빛깔로 기억하고 있는지 궁금하다. 내 머릿속에 남아 있는 2020년의 하늘은 이렇다. 미세먼지로 인한 잿빛의 봄 하늘을 당연한 것으로 생각하며 새해를 맞았다. 그러다 코로나19 팬데믹으로 공장들이 멈춘 덕분인지 파란 봄 하늘이라는 난데없는 호사를 누리나 싶었는데, 휴전선 이남 최북단인 임진강 필승교 물 높이가 사상 최고를 기록할 정도로 끝없이 내리는 비 때문에 여름 하늘은 다시 잿빛이 되고야 말았다. 이러한 혼란 속에서 어떤 사람들은 "기상청에서 내일 비가 온다고 하면 안 오고, 안 온다고 하면 온다"라고 하면서 도대체 그 비싸다는 슈퍼컴퓨터를 갖고 무엇을 하고 있는 것인지 성토했고, 또 어떤 사람들은 한술 더 떠서 기상청의 예보를 정반대로 해석하면 정확하다는 농담 같지 않은 농담을 했다. 나는 그 농담이 사실이라면 얼마나 좋을까 생각하기도 했다. 기상청이 해가 난다고 하면 비가 내리고, 비가 내린다고 하면 해가 나는 것으로 100% 정확하게 날씨를 예측할 수 있게 되는 셈이니 말이다.

## 정보는 물음에 대한 답이다

우리는 내일의 날씨, 주가, 운수 등을 알고 싶어 한다. 인간은 자신이 소망하는 것을 실현하기 위해 오늘을 기반으로 미래에 벌어질 일을 알아내려 부단히 노력하는 투영의 동물이기 때문이다. 맑은 날 멋진 옷을 입고 데이트하고, 가치가 오를 종목에 투자해 부자가 되고, 귀인을 만나 행복해지고 싶은 욕망은 본능이다. 그중에서도 내일의 날씨를 알고 싶은 욕망은 고대부터 존재했다. 과거에는 여러 문화권에서 기우제라는 미신적 예식을 통해 초자연적인 존재에게 호소했을 정도로 날씨를 예측하는 것은 어렵고 절박한 일이었다. 이렇게도 중요하고 오래된 문제인데, 왜 날씨 예측은 여전히 성에 차지 않는 수준에 머물러 있을까?

사실 오만가지 방향으로 불어대는 바람과 바닷물의 온도 등이 모두 변화 요인이 되는 날씨는 자연에서 제일 변화무쌍하고 복잡한 현상이다. 어제와 오늘은 날씨가 비슷했는데 내일 갑자기 비바람이 몰아치는 일이 비일비재한 이유다. 이처럼 사소한 물리적 변화가 전 지구적으로 큰 변화를 불러일으킬 수도 있다는 것이 바로 카오스이론에서 말하는 '나비효과butterfly effect'다. 흔히 "서울에서 나비가 날갯짓하면 런던에 폭풍우가 올 수 있다" 등으로 표현된다(서울과 런던 대신에 아무 도시 이름이나 넣어서 써먹으면 된다. 단, 멀리 떨어져 있을수록 극적인 효과는 상승한다). 그만큼 날씨 예측은 어렵기에 인류는 현대과학의 위대한 성과인 슈퍼컴퓨터를 갖고서도 '내일은 비가 온다'는 기상청발 '정보' 한 조각을 두고 '이걸 믿어야 해, 말아야 해?' 하는 오래된 고민에서 여전히 해방되지 못하고 있는 것이다.

'내일은 비가 온다'는 정보는 내일의 날씨에 관심이 없는 사람(별난 사람이긴 하지만, 세상은 별난 사람들 천지다)에게는 무의미하겠지만(혹시 묻지도 않은 사람에게 무언가를 알려주려고 했던 경험을 기억해 보자. 그 사람이 고마워하던가?), 나들이를 계획하며 내일의 날씨를 궁금해하는 사람에게는 중요한 답이 되어준다. 여기에서 중요한 점은 정보의 본질이 물음에 대한 답이라는 것이다. 사람마다 그 대상은 다르더라도 무언가를 끊임없이 물으며 사는 것은 누구든 마찬가지다. "나는 커서 무엇이 될까요?", "다음 주 시험엔 어떤 문제가 나올까요?", "무얼 먹어야 잘 먹었다고 소문이 날까요?" 등등. 이렇게 우리는 우리의 희망, 공포, 욕망을 담은 질문을 세상에 던지고 그것에 대한 정보, 즉 답을 갈망하는 존재다.

## 완벽한 정보 혹은 편협한 믿음

정보라는 말에서 연상되는 낱말을 하나만 꼽으라면 '인터넷'이라는 답이 제일 많이 나올 것 같다. 인터넷은 1948년에 클로드 섀넌Claude E. Shannon(1916~2001)이라는 과학자가 아무런 오류가 없는 '완벽한 통신'이 가능하다는 사실을 증명하면서 창안한 정보이론Information Theory 혁명을 기반으로 1960년대에 정부 기관과 대학교 들이 갖고 있던 컴퓨터들에 어려운 계산 업무를 분담시킬 방법을 고안하던 미국 국방부의 연구 프로젝트에서 시작되었다. 1990년대에는 인터넷이 사회에 끼칠 영향을 꿰뚫어 보았던 젊은 기업가 빌 게이츠가 "손가락 끝에 정보가 있다(information at your fingertips)"라며 섀넌 이후 인류가 품어왔던 완벽한 정보 통신에 대한 갈망이 풀릴 것이라고 선언하기도 했다.

빌 게이츠의 선언으로부터 30년 넘게 지난 지금 우리는 정말 그러한 시대에 살고 있는 걸까? 숨 막히게 선명한 영상을 한순간의 막힘도 없이 즐기게 해주는 최신의 초경량 스마트폰을 떠올리며 그렇다고 생각할 수 있을 것 같다. 그러나 정보의 본질이 물음에 대한 답이라는, 앞서 이야기한 명제를 곱씹어 본다면 정보의 가치 또한 이러한 겉보기의 화려함보다는 내용의 진실성에서 나온다고 생각할 수 있겠다. 즉, 우리가 살고 있는 지금이 완벽한 정보의 시대라고 말하려면 그동안 발전한 기술의 우수성을 자랑할 것이 아니라, 오늘날 우리가 과거보다 더욱더 진실된 정보를 추구하고 알아보는 능력을 가졌음을 보여주어야 한다는 것이다.

정보의 진실성과 관련된 두 가지 사건을 살펴보고자 한다. 하나는 2010년 멕시코만에서 '딥워터 호라이즌Deepwater Horizon'이라는 유전 굴착 시설이 폭발하며 그로 인해 대량의 원유 유출이 발생했을 때, 원유가 북상하는 허리케인에 빨려든 탓에 미국 본토에서 기름 섞인 비가 마구 내리고 있다는 소문이 돌았던 사건이다. 원유를 구성하는 분자들은 물보다 매우 무겁기 때문에 바람의 힘만으로는 바다에서 끌어 올릴 수 없다. 그러나 그러한 과학적 지식은 허리케인이 빗물과 함께 뿌린 기름기가 땅 위에 둥둥 떠다닌다고 주장하는 영상이 퍼져나가는 사태를 막지 못했다. 또 하나는 2017년 서울 시내버스에서 아이만 내리고 엄마는 내리지 못한 상태에서 출발한 버스기사를 누리꾼들이 부주의하다며 공격했던 사건이다. 기계가 오작동했거나 다른 사람의 실수가 있었을 수도 있다는 상식적인 대안 가능성들은 버스기사의 직업의식에 대한 선입견 앞에서 아무런 힘을 쓰지 못했다. 과학적 지식과 합리적인 대안 가능성에 기반해 대중의 오류를 지적했던 소수의 사람들은 오히려 대중의 잘못된 믿음이 점점 더 공고해짐을 느꼈다.

## 참과 거짓을 분별하는 기계

두 사건은 객관적인 사실을 앞에 두고서도 자신의 생각에 반한다는 이유로 제대로 인지하지 못하는 '인지부조화', 더 나아가 자신의 선입견에 반하는 사실은 무시하고 선입견을 강화시키는 정보만 적극적으로 받아들이는 '확증편향'을 보여준다. 열린 소통의 장이 될 것으로 기대받던 인터넷과 SNS에서 생각이 다른 사람의 말은 흘려 듣고, 원수라도 만난 것처럼 싸우는 그 흔한 광경을 보면, 이런 현상이 얼마나 널리 퍼져 있는지 알 수 있다.

혹시 만약 누구든 사실만을 말하게 하는 약, 참과 거짓을 감별해 주는 기계가 개발되면 이런 문제가 해결될까? 최신 과학기술로도 아직 내일의 날씨조차 정확히 예측하지 못하는 것이 현실이지만, 과학의 역사는 놀라운 발견들로 점철되어 있으니 저런 약과 기계가 진짜로 만들어졌다고 한번 상상해 보자.

자, 이제 참과 거짓을 분별하려 애쓸 필요가 없으니 얼마나 행복할까? 노력하지 않아도 모르는 것이 없고, 어떤 정보도 틀릴 리가 없는 꿈의 세상이 왔으니 말이다. 그런데 그런 행복은 오래가지 않을 것이다. 만약 독재자가 되기를 꿈꾸는 사람(역사상 수없이 많았고, 지금도 수없이 많고, 미래에도 수없이 많을 그런 사람)이라면, 그 약과 기계를 독점한 다음 마음대로 변형시켜 스스로 진실을 추구할 의지를 잃어버린 인류로 하여금 너무도 쉽게 자신의 말은 진리, 자신의 행위는 절대선이라고 믿게 만들 수 있기 때문이다. 그리고 그 사람이 제일 두려워하는 적은 비가 그치면 드러날 맑은 하늘을 상상하듯이 참이 거짓을, 지식이 무지를, 양심이 부패를 이겨내는 미래를 스스로의 힘으로 만들려고 하는 사람들일 것이다.

# 우리가 같은 언어로
# 대화할 수 있다면

## 미래와 언어

영상 미디어 콘텐츠 사업이 크게 성장하면서 세계 곳곳에서 만들어진 영화와 드라마를 어디서든 손쉽게 즐길 수 있게 됐다. 한국에서 만든 작품들도 세계적으로 흥행하면서 불거진 논란 가운데 하나는 대사의 번역 문제였다. 특히 누군가를 이름보다 오빠, 형, 사장님, 사모님, 영감님 등으로 더 자주 부르는 한국어의 특성과 각 호칭어에 따라 달라지는 미묘한 심리적 거리를 살리지 못한 번역에 대한 지적이 많아 보인다.

구약성서 창세기 11장에는 대홍수 뒤 '시날'이라는 곳에 모인 인류가 하늘에 올라가려고 '바벨탑'을 쌓는 이야기가 나온다. 그 모습을 보고 '이제 인간들은 감히 못 하는 일이 없겠구나' 생각한 신이 바벨탑이 완성되기 전에 지상으로 내려가 사람들로 하여금 서로의 말을 못 알아듣게 해버리고 온누리에 퍼져 살게 했다는 내용이다. 피터르 브뤼헐 더 아우더Pieter Brueghel de Oude(1525~1569)의 〈바벨탑〉은 그 이야기를 그린 작품이다.

## 완벽한 소통이라는 꿈

창세기가 쓰이고 긴 시간이 지난 뒤에 더글러스 애덤스라는 작가는 자신의 인기 SF 연작 《은하수를 여행하는 히치하이커를 위한 안내서》 시리즈에서 '바벨피시Bable Fish'라는 물고기를 등장시 킨다. 노란색의 이 물고기는 거머리 정도 크기로 사람의 뇌파를 먹으며 살고, 그 가운데에서도 두뇌의 언어 영역에서 나오는 파동 을 일종의 텔레파시 신호로 변환해서 배설하는 기묘한 존재다. 이 러한 특성 덕분에 바벨피시를 귀에 넣은 사람은 남들이 하는 모 든 언어(지구 종족의 언어든, SF답게 우주 종족의 언어든)를 자기 모국 어로 알아들을 수 있게 된다. 그래서 작품 속 우주에서는 처음 들 어보는 별에서 온 어떠한 종족을 만나도 그들이 하는 말을 못 알 아들을 일이 없다! 그렇다면 그 우주에서는 허구인 드라마 대사 번역 따위를 갖고서 티격태격할 일이 없는 것은 물론이고, 완벽한 소통도 가능하지 않을까?

모두가 말이 통하는 그런 세상을 상상하다 보니, 몇 년 전 여 행지에서 겪은 일이 기억난다. 보스니아 헤르체고비나의 수도 사 라예보를 방문했을 때였다. 보스니아 헤르체고비나는 아드리아해

피터르 브뤼헐 더 아우더, 〈바벨탑〉. 모두가 같은 언어로 대화할 수 있다면 완벽한 소통이
가능할까?

에 면한 아주 짧은 해안선을 제외하고는 내륙에 위치한 유럽 남동부 국가인데, 냉전 종식 이후 유고슬라비아 연방으로부터의 독립 문제를 두고 격렬한 내전을 겪은 뒤 탄생했다. 지금도 대사관이 없을 정도로 한국과의 교류가 적지만, 어릴 때부터 꼭 가보고 싶었던 곳이다. 1973년 사라예보에서 열린 세계탁구선수권대회에서 한국이 우승한 일이 어린 시절 전설처럼 이야기되었기에 사라예보에 대한 인상이 좋았는데, 그랬던 곳이 내가 머리가 조금씩 커가던 고등학교·대학교 시절에는 적군에 포위된 채 포격을 받는 비극의 중심지가 되어 연일 국제면을 장식했던 충격이 뇌리에 강하게 박힌 모양이다. 사라예보는 제1차 세계대전을 촉발시킨 페르디난트 대공 암살 사건이 벌어진 곳이기도 하다.

자동차로 옆 나라 크로아티아에서 사라예보로 가는 길은 꽤나 험난했다. 산길은 낡아 미끄러웠고 종전 이후 20년 가까이 지났음에도 전쟁의 흔적이 아직 물씬 남아 있는 폐허와 같은 장면들을 자주 목격할 수 있었다. 환경이 그러한데 사람이라고 다를 수 있을까? 사라예보 시내에서 우리를 안내해 주던 가이드도 틈만 나면 사라예보 포위전 이야기를 하면서 그 상처를 감추지 못하고 있었다. 어떤 때는 도시 관광 안내보다 전쟁 이야기를 더 많이 해주는 그를 보며 당시 일로 서로 감정이 상했을 민족들(보스니아인, 크로아트인, 세르브인)이 어떻게 한 나라를 이루어 살고 있는지 궁금해져서 그에 대해 대화를 나눠봤다.

나: 보스니아헤르체고비나에도 대통령이 있는가?

가이드: 있다.

나: 민족 갈등이 심해 보이는데 대통령에 대해 불만이 없나?

가이드: 각 민족 대표가 한 명씩 있다.

나: 대통령이 3명인데 정부가 어떻게 작동을 하나?

가이드: 당연히 작동을 안 한다.

가이드의 마지막 너스레에 그 자리에서 나도 모르게 웃을 수밖에 없었다. 그의 말은 사람 사이의 소통이 안 되는 것은 바벨피시 같은 기적적인 존재가 없어서가 아니라 사람의 마음 때문이라는 뜻으로 들렸다.

## 언어는 끊임없이 변화한다

"언어란 얼마나 경이로운가? 30개 남짓한 소리로 우리 마음속의 비밀, 머릿속 상상, 영혼이 느끼는 감동을 타인에게 전달해줄 수 있는 무한한 종류의 표현을 가능하게 해주니 말이다." 언어의 신비로움과 가치에 대한 이 멋들어진 표현은 1660년 프랑스 베르사유 근처의 포르루아얄데샹Port-Royal des Champs 수도원에서 나왔다고 한다. 현재 81억 명에 달하는 세계 인구, 달리 말해 81억 개의 마음속 비밀·상상·영혼이 공통적인 소리 조합의 규칙에 따라 서로 전해질 수 있다면 실로 황홀한 일이 아닐 수 없다.

그러나 모두와 소통할 수 있는 세상은 현실에서는 이루어질 수 없는 희망 사항 같다. '3명의 대통령 체제'가 보여주듯 사용하는 언어가 같아도 소통이 안 되는 경우는 잠시 논외로 치더라도, 1000만 명 이상이 모국어로 삼고 있는 언어만 해도 91개가 있고 (한국어는 약 7700만 명의 모국어로서 열네 번째로 사용자가 많은 언어라고 한다), 전체 언어는 7000개가 넘기 때문이다. 지구 어딘가에서 한순간이라도 존재했던 언어까지 포함하면 그 이상이 될 것이다. 게다가 글과 말을 빠르게 교환할 수 있게 된 오늘날은 언어의 변화가 다른 어느 때보다 빨라지고 있다.

특히 한국어의 경우, 영어·스웨덴어, 프랑스어·스페인어 사이만큼도 가까운 외국어가 없기 때문에(그나마 일본어와 가깝다), 한국어 사용자는 외국어를 배우더라도 유창한 수준으로 올라서기가 아주 어렵다. 미국 국무부 외교연수원Foreign Service Institute에서 영어 사용자가 배우기 쉬운 순으로 언어들을 분류한 자료에 따르면, 스웨덴어·프랑스어·스페인어 등이 1군을, 독일어가 2군을, 그리고 한국어·일본어·중국어·아랍어가 제일 배우기 어려운 4군을 이루고 있다. 영어 배우기 어렵다고 꼭 슬퍼할 일은 아닌 것 같다. 영어를 쓰는 사람들도 한국어를 배우기 어려운 건 마찬가지니.

개인적으로 외국어 번역과 관련된 재미있는 경험이 있다. 전 세계의 다양한 언어를 소개하는 유튜브 채널 '랭포커스Langfocus'를 운영하는 폴이라는 친구가 한국어에 대한 영상을 만드는데 음성

녹음을 해달라고 부탁한 것이었다. 그런데 내가 읽어야 할 문장들을 폴에게 받아보니 자연스러운 한국어로 볼 수 없는 것이 적지 않았다. 그래서 직접 수정한 문장을 보여주자 폴은 쉽게 납득이 되지 않았는지 이렇게 되물어 왔다. 자신은 자유롭게 대화할 수 있을 정도로 일본어가 유창하고, 한국어는 일본어와 어순이 같다고 들었는데 왜 직역한 문장들이 자연스럽지 않냐는 것이었다. 결국엔 도와줘서 고맙다고 했지만, 언어가 얼마나 변덕스러운지 다시 한번 깨닫는 경험이었다. 아무리 비슷한 언어라고 해도 직역하면 아주 짧은 문장조차 어색하게 들릴 수 있기 때문이다.

### 미래 언어를 만드는 씨앗

소통이라는 언어의 본질과 번역의 어려움이라는 현실적 특성을 생각해볼 때, 미래 언어는 도대체 어떤 모습을 띠고 있을까? 아마도 다음의 시나리오가 모두 가능할 것 같다.

1. 바벨피시와 다름없는 기적의 기술이 등장하여 모두가 서로의 말을 더 알아듣기 쉬워져 소통이 늘어난다.
2. 바벨피시와 다름없는 기적의 기술이 등장해도 듣고 싶은 말만 듣거나, 안 들리던 말까지 듣게 되면서 오히려 싸움만 늘어난다.
3. 소통이 늘어나며 세계의 여러 언어가 서로 빠르게 비슷해진다.
4. 그로 인해 기존 언어는 빠르게 바뀌고, 언어 전체는 더욱 다양해진다.

1·2번, 3·4번이 서로 상충되는 것 같지만 언어를 통해 표현되는 사람들의 복잡한 내면, 그리고 언어의 끊임없이 변화하는 특성을 고려할 때 아마도 이 네 가지 시나리오는 공존할 가능성이 크다. 그렇다면 우리는 전혀 통제할 수 없는 자연적인 과정을 통해 자동적으로 만들어지는 미래 언어를 그저 수동적으로 받아들이기만 하는 존재일까?

　다른 사람들을 모방하고 따라 하는 것은 인간 행위의 제일 강력한 동기 가운데 하나라고 한다. 특히나 익숙하지 않은 상황에서는 다른 사람들을 거의 절대적인 기준으로 삼아 행동하게 된다. 언어 구사도 당연히 마찬가지여서 새로운 상황이나 환경에서 새로운 문장을 구성해야 할 때는 결국 어딘가에서 남에게 들어봤거나 의식적으로 따라 하고 싶은 말을 사용하기 마련이다. 여기에 많이 사용되는 것이 살아남는다는 진화의 원리를 적용하면, '지금 내가 쓰는 말은 살아남고, 쓰지 않는 말은 죽어 없어진다'는 결론에 다다를 수 있다.

　우리가 내뱉는 모든 말은 미래 언어의 씨앗이 되고, 우리가 말을 할 때마다 미래 언어의 모양이 조금씩 갖춰진다. 특히 누구나 목청을 높여서 아무 말이나 내뱉을 수 있는 시대를 살아가는 우리는, 우리가 원하는 미래 언어가 아름답고 창의적인 언어인지 아니면 독을 품고 다른 사람을 다치게 하는 언어인지 진지하게 고민해야 한다. 누구도 어떤 바람을 강요할 수는 없겠지만, 그 바

람과 어긋나는 말을 사용하면 할수록 미래 언어는 그로부터 멀어
질 수밖에 없다는 사실은 누구든 심각하게 받아들여야 할 것이다.
'언어'라는 위대한 능력도 사람의 마음속에 도사리고 있는 이율
배반적 태도와 부족한 의지까지 이겨낼 수는 없으니까.

# 5장 우리는 모두 연결되어 있다

# 어느 젊은 과학도의
# 취향 저격 소개팅

## 과학적 모델링

과학자들이 미래를 예측하는 방법은 무엇일까? 과학자들만 아는 비법이 있는지 알아보기 전에 일상에서 미래를 알고 싶어 하는 사람들을 떠올려 보자. 사업을 하는 사람이라면 시장에서 잘 팔릴 상품이나 서비스를 알고 싶어 하고, 좋은 학교로 진학하려는 학생이라면 입학시험에 나올 문제를 알고 싶어 할 것이다. 비록 두 사람의 욕망은 다르지만, 그 욕망을 실현시키는 방법에는 공통점이 있다. 사업가는 시장조사를 통해 소비 트렌드를 관찰한 뒤 앞으로 어떻게 변화할지 예측해 새로운 제품을 개발할 것이며, 학생은 과거의 출제 경향을 검토한 뒤 앞으로 나올 시험 문제를 예측하고 시험에 임할 것이다. 그리고 이들이 시장과 시험장에서 성공했는지 실패했는지에 따라 그들의 예측력이 좋았는지 좋지 않왔는지 판단할 수 있다.

과학자들의 '비법'도 별반 다르지 않다. 과학자들도 연구하고 싶은 대상을 정한 다음, 관찰을 통해 모은 데이터를 기반으로 그 대상의 상태 변화나 움직임 등을 예측하고, 실제 결과와 비교하여 연구가 성공했는지 여부를 판단한다. 그 과정에서 '과학적 모델scientific model'이 아주 중요한 역할을 한다.

## 과학적 모델이란 무엇인가?

'사람을 연구하는' 과학자들을 한번 생각해 보자. 사람을 연구한다는 것이 어떤 의미일까? 우리 자신을 한번 살펴보면, 우리가 '사람'이라고 뭉뚱그려 표현하는 물체가 사실 아주 많은 부분으로 이루어져 있는 복합계임을 알 수 있다. 겉으로 보이는 신체 부위만 따져보아도 머리 정수리부터 발가락 끝 사이에 눈·코·입 등 다양한 기관이 존재하고, 몸 안으로 들어가면 심장·허파·간 등의 기관과 총 길이가 12만 킬로미터에 달하는 수많은 핏줄이 있다. 맨눈으로는 볼 수 없지만 10조 개가 넘는 세포, 그리고 어떤 기준으로 측정해야 하는지도 확실치 않은 생각·느낌 등도 사람을 구성하는 요소들이다. 과학자 한 명이 평생을 바쳐도 이 모든 것을 다 연구할 수는 없는 노릇이므로, 사람을 연구한다는 공통점이 있는 과학자들이라 하더라도 서로의 연구에 대해 알지 못하는 경우가 허다할 것이다.

이처럼 과학자들이 어떤 대상을 연구한다고 말할 때도 실상은 그 대상을 이루고 있는 수많은 요소의 극히 일부만을 연구한다. 즉, 그 일부를 제외한 나머지는 무시하거나 '날려버리는' 것이다. 과학적 모델이란 이렇게 연구 대상의 일부 특성만을 남기고 단순화한 모형을 말하며, 이러한 과학적 모델을 만드는 과정은 '추상화abstraction'라고 부른다. 추상화 과정에서 너무 많은 것을 날려버리면 실제 대상과 과도하게 달라져 유의미한 배움을 얻기 어려워지겠지만, 또 정반대로 대상의 모든 것을 재현하려 한다면 너무 복잡해져서 분석과 해석이 불가능해진다. 즉, 추상화 과정에서는 아무것도 알려주지 못하는 과도한 단순함과 도무지 손을 댈 수 없는 과도한 복잡함 사이에서 좋은 균형을 찾아내야 한다. 과학의 역사는 바로 이전 세대의 과학적 모델에 조금씩 살을 붙여 개선하거나 또 어떨 때는 모든 걸 뒤엎고 새로운 모델을 만드는 긴 과정이었다고 볼 수 있다.

과학적 모델이라고 하려면 다음의 세 가지가 특정되어야 한다. 첫째는 모델의 대상, 둘째는 추상화를 통해 대상에서 가져오거나 날려버린 특성, 셋째는 모델의 용도다. 수업에서 학생들에게 제일 처음으로 떠오르는 '모델'을 대보라고 할 때 단골로 나오는 답은 '자동차 축소 모델'이다. 실제 자동차 크기와의 비율을 표시해 '24분의 1 모형' 등으로 부르는 자동차 모형 말이다. 그리고 이 자동차 모형은 세 가지 과학적 모델의 특성을 모두 지니고 있다.

①모델의 대상: 실제 자동차

②대상에서 가져온 특성: 자동차의 모양(더 정확히는 자동차의 부위별 거리의 비율)

③모델의 용도: 실물을 만드는 것보다 적은 자원을 들여 자동차 모양에 따른 공기 저항의 변화를 측정하는 풍동wind tunnel 실험에 사용(실용성), 실내 환경을 연출하는 장식품으로 사용(심미성)

대한민국 지도도 이와 비슷한 과학적 모델이다. 모델의 대상은 한반도이고 가져온 특성은 지점 사이 거리의 비율이며 모델의 용도로는 길 찾기, 이동거리 예측하기 등을 꼽을 수 있다. 마찬가지로 고전역학에서 모든 물체를 동그란 공으로 생각하는 것 역시 과학적 모델이고, 사람들 사이의 사회적 관계를 점과 연결선으로 표시하는 사회연결망social networks도 과학적 모델이다. 대상에 대한 극도의 단순화(모든 물체→공, 모든 사람→점)에도 불구하고 이를 통해 세계와 사회에 대한 다양한 이해를 할 수 있듯, 과학적 모델의 우수성은 그 복잡성이 아니라 대상에 대한 예측력에 있다. 그리고 예측력을 평가하는 단계를 '검증validation'이라고 한다. 당연하게도 검증에서 살아남은 모델은 널리 받아들여질 가능성이 커지고, 실패를 거듭한 모델은 폐기되기 마련이다.

## 지나치게 과학적인 소개팅 전략

재미있는 예를 들어보겠다. 어떤 젊은이(아마도 과학도)가 다른 사람에 대한 간단한(그러나 인생에서 매우 중요한) 과학적 모델을 만드는 과정을 한번 상상해 보자. 여기에서 '다른 사람'이란 친구 소개로 만난 이성이다. 첫인상이 마음에 들어 상대방을 더 잘 알고 싶은 욕망이 생긴 젊은이는 그 사람의 손짓·몸짓·말을 관찰하며 머릿속에 담아두었다. 열심히 데이터를 수집한 첫 만남 이후 다행히 이어진 두 번째 만남에서도 젊은이는 크게 욕심을 내기보다는 다시 한번 상대방의 행동을 관찰하며 데이터를 수집했는데, 상대방도 젊은이에게 관심이 없진 않은지 한 번 더 만나는 데 동의했다. 이 젊은이는 이번에는 단순한 관찰을 넘어 적극적으로 그 이성의 마음에 들 행동을 해야겠다고 결심했다. 젊은이는 상대방에게 감동을 주기 위해 상대방이 좋아할 디저트를 알아맞혀 보기로 했다. 관찰 데이터를 떠올리자, 이상기후로 4월임에도 한낮 기온이 30도까지 치솟았던 첫 만남에서 상대방이 아이스크림을 시켰던 것, 그리고 저녁 기온이 다시 10도까지 뚝 떨어졌던 두 번째 만남에서는 따뜻한 핫초코를 시켰던 것이 기억났다.

젊은이는 '아하, 그 사람은 더운 날에는 차가운 디저트를, 싸늘한 날에는 약 80도인 따뜻한 디저트를 선호하는구나. 그렇다면 다음에 만날 땐 기온에 따라 알아서 미리 디저트를 주문해 놓으면 나를 더 좋게 봐주겠지?'라고 생각하면서 이러한 과학적 모

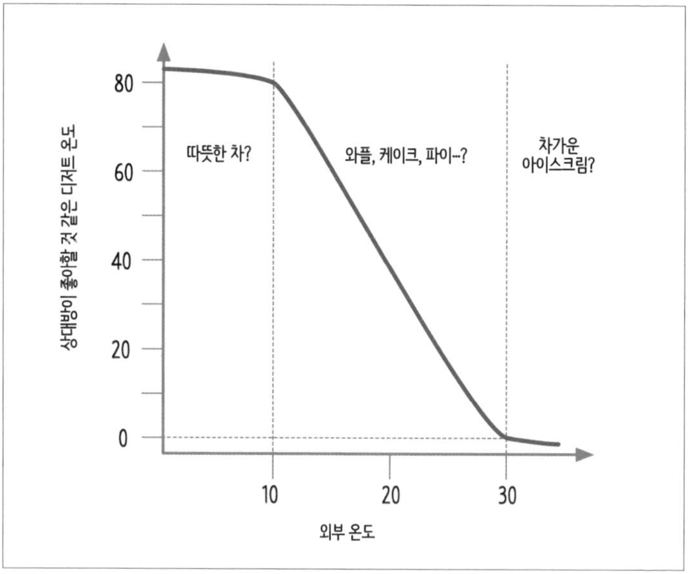
상대방이 좋아할 것 같은 디저트 온도
80
60
40
20
0
따뜻한 차?
와플, 케이크, 파이…?
차가운
아이스크림?
10
20
30
외부 온도

**상대방이 좋아할 것 같은 디저트 온도 예측 모델.**

델을 고안했다. '상대방이 좋아할 것 같은 디저트 온도 예측 모델: 기온이 10도 이하일 때는 80도, 기온이 30도 이상일 때는 0도, 그 사이에서는 (기온×-4)+120도'(이런 것을 외부 자극에 대한 반응 함수response function라고 한다). 젊은이는 이를 다음과 같이 직관적인 그래프로 나타냈다.

상대방이라는 연구 대상이 있고, 상대방의 여러 가지 특성 중에서 '선호하는 디저트의 온도'라는 요소만 남기고 다른 것은 날려버리는 추상화 과정을 거쳤으며, 앞으로 그 사람의 호감을 얻고 싶다는 용도가 있으므로 이 역시 과학적 모델이다. 게다가 반응 함수와 그래프로 정리하다니, 이것만으로 이 젊은이는 미래의 과학자로서 전도유망하다고 할 수 있을 것 같다.

자, 이제 만반의 준비를 마친 세 번째 만남이다. 그날의 기온이 25도인 것을 확인하고 자신의 함수에 대입해 20도 정도 되는 디저트를 미리 주문하고 상대방 앞에 놓아주는 젊은이. 이제 상대방의 반응을 확인하는 검증 단계가 남았다. 상대방이 그 디저트를 마음에 들어 한다면 이 젊은이는 모델을 더 개선해 나갈 기회와 자신감을 얻을 것이고, 마음에 들어 하지 않는다면 이 젊은이는 정성을 들였던 이 모델을 완전히 뒤엎어야 하거나 심지어 더 이상 기회를 얻지 못할 수도 있다. 그러나 물론 과학적 모델이 단 한 번의 검증으로 진리로 등극하거나 곧바로 폐기되는 경우는 없다. 그날의 기온뿐만 아니라 비·바람 같은 날씨도 디저트 선택에서 중요한 요인이 될 수 있기 때문이다.

그럴싸해 보이는 과학적 모델을 만드는 것보다 더 어려운 것은 검증 단계에서 그다지 확실치 않은 신호를 마주할 때다. 쉽게 말해, "제 마음을 어떻게 아셨어요?"(긍정) 또는 "우리는 정말 안 맞나 봐요"(부정)라는 반응이 나오면 결과가 비교적 확실하지만, 이도 저도 아닌 애매한 반응이 나온다면 과연 이 모델을 계속 개선시켜 볼 것인지 아니면 버리고 새로 시작할 것인지 깊은 고민에 빠질 수밖에 없기 때문이다.

불행히도 과학은 이러한 상태를 명쾌히 극복해 낼 수 있는 방법까지 알려주지는 못한다. 사람을 우주로 보내고 치명적인 바이러스에 대항할 백신을 1년 만에 만들어 내는 현대과학조차 말이다. '금맥이 바로 앞에 있는데 지금 포기하면 안 된다'와 '안 될 일에 집착하며 더 좋은 기회를 놓치고 있는 것은 아닐까?' 하는 상반되는 예측 사이에서 고민하는 것은 과학자도 마찬가지다. 이에 대한 속 시원한 해답이 있다면 내게 알려주기 바란다. 내가 아니라 '앞으로 어떻게 해야 하지?' 하며 머리를 싸매고 있을 그 젊은이를 위해서. 그 젊은이를 실컷 칭찬해 놓고 해피엔딩까지 주지는 못해서 미안하니 말이다.

# 인생을 바꾼 명경기

## 연결망과 미식축구

2017년 영국 주간지 《이코노미스트》에 〈날씨 버텨내기Weathering the weather〉라는 카툰이 실렸다. 이 카툰은 변덕스럽고 알기 어려운 날씨 때문에 수만 년 동안 불평해 온 인류에게 기후를 마음대로 제어할 수 있는 능력이 생긴 세상을 그린다. 농부들은 충분한 비를, 스키어들은 충분한 눈을 내리게 할 것이다. 고비 사막 같은 황무지는 곡식이 풍성하게 자라는 비옥한 땅으로 바뀔 것이며, 태풍 같은 자연재해로 인해 소중한 생명과 재산을 잃지 않는 끝내주는 세상이 될 것이다. 그러나 그런 기쁨은 잠시뿐이다. 곧 소풍을 가려는 사람은 마당 잔디를 적셔줄 비가 필요한 이웃과 갈등할 것이고, 더 나아가 날씨를 무기 삼아 사람들을 무자비하게 공격하는 테러리스트가 등장할 것이다. 이 카툰의 결론은 날씨를 제어할 능

EVOLUTION OF GROUPS

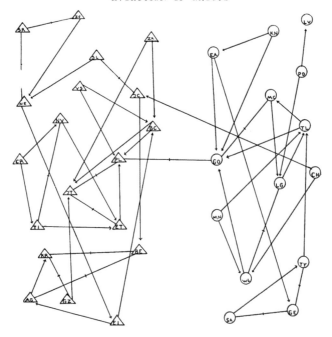

CLASS STRUCTURE, 3RD GRADE

사회심리학자 제이컵 모레노가 만든 초등학생들의 친구 관계 연결망. 화살표는 한 아이가 다른 아이를 친구라고 했지만, 다른 아이는 그 아이를 친구라고 하지 않았던 경우를 뜻한다. 친구라고 생각하는 것은 사실 일방적인 경우가 많다.

력이 있으나 없으나 날씨로 인한 불평은 끊이지 않으리라는 것이다. 이렇게 갑갑한 현실을 생각하다 보면 친구를 찾아가 걱정을 털어놓고 위로를 받고 싶어진다. 도무지 알 수 없는 날씨라는 고약한 녀석과는 달리, 나와 마음이 통하는 친구라는 존재!

## 마음이 통한다는 착각

우리는 과연 친구라는 개념을 얼마나 잘 알고 있을까?《표준국어대사전》에서는 '친구'를 "가깝게 오래 사귄 사람"이라고 정의하고,《옥스퍼드 영어사전》에서는 'friend'를 "누군가와 상호 유대감이 있는 사람 a person with whom one has a bond of mutual affection"이라고 정의한다. 현실의 친구 관계에서 사전적인 정의처럼 똑같은 정서적 거리를 느끼거나("가깝게") 서로에게 유대감이 있는지("상호 유대감") 관찰한 실험들이 있다.

사회심리학자 제이컵 모레노 Jacob Moreno (1889~1974)가 그린 어느 미국 초등학생 그룹의 친구 관계 연결망을 보자. 이 그림에서 화살표는 한 아이가 다른 아이를 친구라고 했지만, 다른 아이는 그 아이를 친구라고 하지 않았던 경우를 뜻한다. 이 그림처럼 인간관계에서 일반적으로 20~30%만이 쌍방이 서로 친구라고 생각한다고 한다. 그래서 사전적 정의에 따르면(똑같은 정서적 거리, 상호 유대감), 내가 친구라고 생각하고 있는 사람들 가운데 불과 20~30%만이 진짜 친구라는 것이다.

아, 생각해 보면 우리는 날씨보다 다른 사람에 대한 불평불만을 더 많이 갖고 있지 않은가? 여기에 일부나마 그 까닭이 있는 셈이다. 하지만 사람의 마음을 예측하기 어렵다는 사실 탓에 우리에게 꼭 고난이나 어려움만이 닥치는 것은 아니다. 예측하기 어렵기 때문에 오히려 재미있는 일들이 많은 것이고, 어떨 때는 그 사실 덕분에 삶이 더 좋은 방향으로 흐르기도 한다.

## 무심코 지나친 친구의 한마디

연구자가 되기로 마음을 먹고 나서 제일 어려웠던 것은 과연 구체적으로 무엇을 어떻게 연구해야 하는가 하는 문제였다. 대학원 졸업이라는 거대한 산이 나를 향해 조용히, 그러나 쉬지 않고 다가오는 것에 압박을 느끼고 있었다(그 압박감은 실로 엄청나서 대학원생끼리는 "언제 졸업하시나요?"라고 질문하지 않는 것이 전 세계의 불문율이다). 지도교수님의 전문 분야인 연결망 연구를 해보자고 결심한 다음에도 어떤 계나 문제 들을 연결해 봐야 할지 헤매던 중에, 자그마한 칠판에 간단한 연결망을 그려서 자취방에 걸어놓았다. 하루 종일 쳐다보면 좋은 아이디어가 떠오를까 봐 그랬다. 그런데 얼마 뒤, 방에 들어온 룸메이트가 그 그림을 보고 이렇게 말했다. "풋볼(미식축구) 대진표다! 여기 네모들이 팀, 선은 경기."

그 당시 나의 생활은 학교에 있는 시간과 자취방에 돌아와 '축구'(우린 풋볼을 그냥 축구라고 불렀다)를 보는 시간으로 나뉘어 있었다. 미시간 대학교는 대학축구 전통의 강호였기 때문에 학교에는 남는 시간에 축구만 보는 친구들이 즐비했는데, 나보다 먼저 유학을 와서 축구에 빠져 있던 룸메이트들에게 복잡한 규칙에 대한 설명을 들으며 그들과 비슷한 사람으로 변신해 가는 것이 나의 평일 저녁, 그리고 주말의 일과였다. 미국인들은 가을·겨울에 토요일은 대학축구NCAAF, 일요일은 프로축구NFL를 보는 것이 삶 자체라고 해도 과언이 아니니, 축구에 빠질 대로 빠져 있던 룸메이트는 그 그림을 보고 딱 대진표를 떠올린 것이다.

그러나 그 순간에도 나는 인터넷이나, 세포 속 단백질의 상호작용망(단백질 분자들은 다양하게 꼬이고 접힌 꽈배기 모양을 하고 있는데, 그 모양이 들어맞는 단백질들끼리 서로 붙고 엉키는 현상을 연결망으로 모델링하여 연구하기도 한다) 같은 '진지'하고 '큰' 연구를 해야 한다는 생각에 젖어 있었는지, 그 말을 금세 잊어버리고 말았다. 그 이후 사회연결망이나 통계물리학 원리에 기반한 매우 이론적이고 수학적인 연구로 대학원 시절을 보냈지만, 축구에 점점 더 빠져들면서 어느 날 결국 '축구를 분석해 보면 어떨까?' 하는 생각을 하게 되었다. 진지하고 큰 연구를 하는 사람은 나 말고도 많고, 앞으로 나도 할 일이 많으니 쉬어갈 겸(?) 내 마음대로 특색 있는 연구를 한번 해보고 싶은 욕망이 생겼던 것이다.

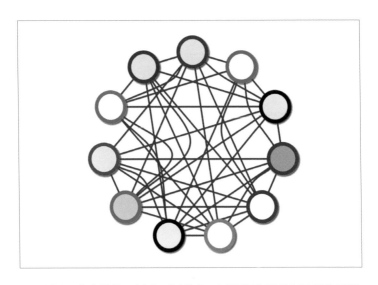

미국 대학축구의 빅텐Big Ten 컨퍼런스에서 실제로 경기를 한 팀들을 선으로 연결한 연결망.

### 취미와 연구 사이

축구처럼 취미와 일의 경계에 있는 분야라고 해도 과학적으로 바라보기 시작하자 제대로 풀어내야 할 문제가 한두 가지가 아니었다. 먼저 축구에서 제일 큰 이슈가 되고 있는 문제가 무엇인지, 그리고 그것을 내가 연구자로서 갖고 있는 기술이나 도구로 다뤄볼 만한지 따져보았다. 여러 가지를 (학교와 집에서 하는 일이 구분되지 않는 상황이 되었으므로 정말 하루 종일) 생각한 결과, 당시 대학축구에서 많은 논쟁이 되고 있던 '우승팀 결정하기' 문제를 들여다보기로 결심했다.

당시 대학축구에서 우승팀 결정이 논쟁이 되었던 이유는 다음과 같다. 미국 대학축구의 최상위 리그에는 약 120개의 팀이 있는데, 한 팀이 한 해 동안 치를 수 있는 경기는 열 경기 안팎이므로 각 팀이 리그 전체에서 겨우 10% 내외의 팀하고만 경기를 한다음에 우승팀을 결정해야 하는 상황이었다. 손흥민 선수가 뛰는 프리미어리그 같은 경우는 각 팀이 리그의 모든 팀과 경기를 하므로(게다가 두 번씩) 우승팀을 정하는 데 이견이 생기기 어렵다. 하지만 미국 대학축구에서는 한 팀이 열 경기를 한다고 가정했을 때, 시즌 전적이 10-0(10승 0패)에서 0-10까지 있을 수 있으므로 승점(승패 차이)은 10점부터 -10점까지 단 11개 값이 가능하다.

각 값을 한 상자라고 생각하면 120개 팀이 10개 상자에 나뉘어 들어가는 셈이니, 평균적으로는 한 상자를 12개의 팀이 차지하게 된다. 따라서 제일 높은 승점을 가진 팀이 둘 이상이 되는 경우가 허다할 수밖에 없었고, 최종 승점이 더 낮은 팀이 더 높은 팀에 "이건 너희가 스케줄 운이 따라줘서 그런 거고, 우리랑 붙었으면 졌어!"라고 말하더라도 반박할 만한 뾰족한 방법이 없었다. 나는 연결망의 힘을 빌려 실제로 경기를 하지 않았더라도 두 팀의 우열을 정할 수 있는 방법을 따져보기로 했다.

먼저 실제로 경기를 치르는 팀들을 선으로 연결하여 경기 스케줄 전체를 연결망으로 표시할 수 있다. 그다음에 M팀과 O팀의 승패가 결정되면 이긴 팀에서 진 팀으로 가는 화살표를 표시한다.

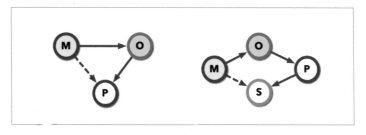

연결망 과학을 이용한 스포츠 랭킹 시스템의 기본 아이디어. M팀이 O팀에, O팀이 P팀에
이겼다면(실선), M팀은 P팀에 간접적으로 승점을 획득한다(점선).

이 화살표를 따라가다 보면, 직접 경기를 하지 않는 M팀과 P팀 사이에도 다른 팀을 거쳐 도착하는 길이 생긴다. 'M팀이 O팀에 이겼고 O팀이 P팀에 이겼으니 M팀이 P팀을 이긴 꼴이 되지 않겠는가?'라는 술자리에서나 나올 법한 논리에 기반한 알고리즘을 만들면서 꽤나 즐거운 시간을 보냈다. 하지만 결국 모든 과학 연구의 진정한 가치는 실전 예측에 있는 법.

그해는 더군다나 내가 나온 미시간 대학교가 이름 모를 학교에 패배를 당하면서 그야말로 죽을 쑤고 있었는데, 우리 방법론은 그래도 미시간을 최상위 근처에 올려놓으면서 시즌 내내 '팔은 안으로 굽는다'는 잔소리를 들어야 했다(그리고 2024년 미시간은 27년 만에 우승했다. 그래서인지, 이 모든 추억이 더욱 달디달다). 누구나 그 논문을 읽어보면 그렇지 않음을 알 수 있겠지만 잔소리에 맛들린 사람들이 사정을 봐줄 리 있겠는가? 자신감이 빠질 대로 빠진 나는 마지막으로 힘을 내 그해 1위와 2위 팀 사이에서 벌어지는 챔피언전 결과를 예측해 보기로 했다. 나는 1위로 텍사스 대학교, 2위로 서던캘리포니아 대학교를 예측하였으나 세상 물정 모르는(?) 물리학자들보다 훨씬 더 스포츠를 잘 안다는 사람들은 압도적으로 서던캘리포니아의 승리를 예측하고 있었다. 재미로 시작한 일 때문에 스트레스에서 벗어날 수 없는 이상한 상황이었다.

2000년대 최고의 명경기로 꼽히는 그 시합에서 텍사스 대학교는 단 19초를 남기고 1점 차이로 역전하며 끝내 이기고 말았고, 이불 속에서(미국 오대호 근방의 겨울은 춥다춥다) 이 장면을 보고 있던 나는 "내가 옳았어!" 하며 환호성을 몇 번이나 질렀는지 모르겠다. "베팅해서 돈 좀 벌었냐?"라고 묻는 사람들에게 내기 같은 건 안 한다고 대답할 때는 오히려 "자기 연구에 자신이 없는가 보네?" 하고 또 잔소리할까 봐 걱정해야 했지만. 이때까지도 이것은 어디까지나 개인적인 흥미로 시작한 연구일 뿐, 다른 사람들이 진지하게 관심을 갖지는 않을 것이라고 생각했다.

나는 취직 준비를 하며 당시 '핫하다'고 하던 네트워크 의학network medicine이나 계산사회과학 연구를 내세우고 다녔다. 그런데 지금의 직장인 KAIST를 포함하여 채용 면접을 볼 때마다 "미식축구 랭킹 알고리즘이 재미있던데, 어떻게 만든 건지 설명해 달라"라며 눈을 반짝이는 교수님들의 질문에 나는 무용담을 섞어가며 설명해야 했다. 결국 남들이 중요하다고 생각하지 않을 것이라고 지레짐작했던 그 연구가 몇 번이나 내가 직장을 찾는 데 도움을 주었고, 결국 내 인생의 방향을 몇 번이나 바꿨는지 셀 수도 없다. 이런 질문을 해보고 싶다. 다른 사람들의 생각을 재단하는 내 선입견이 무조건 옳다고 생각한 적은 없는지? 그 때문에 인생을 바꿀 수 있는 기회를 놓친 건 아닌지?

# 당신은 원숭이보다
# 9999점 더 창의적입니다
## 새로움과 영향력

2020년은 베토벤(1770~1827)의 탄생 250주년이었다. 독일 본에서 태어난 베토벤은 성인이 되자 당대 문화의 중심지였던 오스트리아 빈으로 건너가서 하이든(1732~1809)에게 대위법을 배웠고, 영화 〈아마데우스 Amadeus〉(1984)에서 모차르트(1756~1791)의 비운의 경쟁자로 그려져 우리에게 친숙한 안토니오 살리에리Antonio Salieri(1750~1825)에게 성악 작법을 배웠다. 이후 베토벤은 수많은 창의적 음악을 작곡하며 엄청난 명성을 쌓았다. 베토벤 교향곡 9번 〈합창〉의 마지막 악장인 '환희의 노래'는 4억 5000만 명의 시민을 거느린 유럽연합의 송가로서, 그 노랫말로 쓰이는 프리드리히 실러Friedrich Schiller(1759~1805)의 시구처럼 모두 형제가 된 기쁨을 노래하며 오늘날에도 수많은 사람에게 감동과 영감을 주고 있다.

　베토벤에게 영향받은 후대의 작곡가로는 대표적으로 프란츠 리스트Franz Liszt(1811~1886)를 꼽을 수 있다. 헝가리 태생의 작곡가이자 피아니스트였던 리스트는 뛰어난 음악성과 연주 실력은 물론이고 멋진 외모까지 갖춰 그의 광적인 팬을 뜻하는 '리스토마니아Lisztomania'라는 말이 생겨날 정도로 인기를 끌었다. 그는 귀족만이 아니라 일반 대중을 상대로도 공연을 했으며, 녹음기가 없던 당대에 사람들이 집에서도 자신의 음악을 들을 수 있도록 악보를 팔았다고 전해지기도 한다. 평생 베토벤에 대한 존경심을 자신의 음악으로 표현했던 리스트는 베토벤 교향곡 모두를 피아노 곡으로 편곡한 '리스트 편곡Liszt Transcriptions' 시리즈로 베토벤의 이름 옆에 영원히 자신의 이름을 새기는 영광을 스스로 얻어냈다.

　'다다다단'으로 시작하는 그 유명한 베토벤 교향곡 5번 〈운명〉, 그리고 9번 〈합창〉 등을 리스트가 편곡한 피아노 곡으로 들으며 감동에 젖다 보면, 옛 대가들이 새로운 세대에 영향을 주면서 문화가 발전해 나가는 과정이 몸으로 느껴지는 것 같다. 수백 년의 긴 시간을 건너 아름다움, 기쁨, 새로움, 영감 등을 선사하는 인간의 창의성이란 과연 무엇이며, 어떻게 생겨나는 것일까? 또 "베토벤의 음악은 창의적이다", "리스트의 편곡도 창의적이다" 같은 말을 우리는 어렵지 않게 하지만, 과연 창의성을 과학적으로는 어떻게 이해할 수 있을까?

## 인류에게 창의성이 사라진다면

인류는 새로운 발견이나 가치 있는 창작 행위를 대단히 중요시한다. 그것들이 사회를 발전시키고 더 나은 환경을 만드는 토대라는 것을 대부분이 인정하기 때문일 것이다. 새롭고 좋은 것을 찾아내거나 만들어 내는 능력을 우리는 창의성이라고 부르면서 남다른 창의성을 지닌 사람들과 그들의 업적을 칭송하고, 미래 세대의 창의성을 길러주려고 부단히 노력한다.

어느 날 인간의 모든 창의성이 사라진다면 우리는 어떠한 모습이 될까? 지금보다 나은 미래를 기대할 수 없는 현실을 생각하며 암울해질 것이다. 잘해야 겨우 오늘과 똑같을 내일, 자칫 잘못하면 그보다도 훨씬 못한 내일이 기다릴 테니까. 전 인류가 불임이 되어 서서히 멸종을 향해 가는 미래를 그린 영화〈칠드런 오브 맨Children of Men〉(2006)의 우울하고 차가운 분위기가 떠오르기도 한다. 동물들조차 똑같은 자극이 반복되면 싫증을 내며 새로운 것을 찾아 나서는데, 문명을 더 이상 발전시킬 수 없게 된 인간의 슬픔은 오죽하겠는가?

그래서일까? 우리는 인류 역사상 중요한 발견의 순간을 한 편의 드라마나 전설처럼 꾸며서 이야기하곤 한다. 예를 들어, 벤젠이라는 분자의 구조를 고민하다가 꿈속에서 스스로의 꼬리를 물고 있는 신화 속의 뱀 우로보로스를 보고 고리 모양 구조를 알아냈다는 독일의 과학자 아우구스트 케쿨레August Kekulé(1829~1896)

의 이야기, 인간보다 훨씬 빨리 번식하는 동물들이 왜 지구를 뒤덮고 있지 않은지 고민하다가 열병으로 인한 환각 상태에서 자연선택의 원리를 깨달았다는 영국의 자연사학자 앨프리드 월리스의 이야기가 그러하다. 앞으로 수백 년이 더 흐르면 이 이야기들이 신화 속의 영웅담처럼 전해질지도 모르겠다.

창의성의 의미를 고민하다 베토벤이 남긴 말들을 찾아보니, 베토벤은 창작과 창의성에 대해 상당히 신비주의적인 인식을 갖고 있었다는 인상을 받았다. 베토벤에게 음악이란 "모든 인류의 지혜와 철학보다 높은 차원의 진실을 보여주는 것"이었고, 공기의 떨림은 "인간의 영혼 속으로 말을 하고 있는 신의 숨결"이었기에 그는 음악가의 역할이 "신의 목소리를 듣고 입술을 읽어 그를 찬양하는 신의 자식들이 태어나게 하는" 것이라고 말했다. 창작의 과정을 설명해 달라는 요청에는 "주변에 으르렁거리고 폭풍우처럼 몰아치는 영감들이 내 손끝에서 비로소 악보에 기록되는 과정"이라고 답했다고 한다.

흔히 현대과학에서는 명확하게 정의된 연구 대상을 객관적으로 검증 가능한 방법으로 분석한다고 말하는데, 창의성이 베토벤의 말처럼 신비로움이 강조되는 주관적이고 감각적인 영역이라면 과연 이것을 과학적으로 이해할 수 있을지 의심이 들기도 한다. 하지만 과학적 탐구가 처음부터 완벽하게 명확성, 객관성, 검증 가능성을 요구하지는 않는다. 오히려 과학적 탐구는 많은 경우

어떤 대상에 탐구할 만한 가치가 있다는 인간의 주관적인 확신으로부터 시작된다. 과학의 역사는 그 확신을 바탕으로 이성과 논리를 때로는 극한으로까지 몰고 가면서 필요한 방법론을 도출하고, 사물의 본질에 대한 이해를 증진하는 과정이었다.

## 창의성의 크기를 비교할 수 있을까?

창의성의 과학적 의미를 생각할 때, 참고할 만한 사례가 있다. 에너지라는 개념은 기원전 4세기 아리스토텔레스가 남긴 저작에 처음으로 등장한다. 아리스토텔레스가 쓴 고대 그리스어 단어 '에네르게이아ἐνέργεια'는 움직임이라는 1차적 의미뿐 아니라 행복이나 즐거움 같은 주관적이고 감성적인 의미도 포함하는, 철학적으로 폭넓은 개념이었다. 이후 17세기에 독일의 라이프니츠Gottfried Wilhelm von Leibniz(1646~1716)가 움직이는 물체가 무겁거나 빨리 움직일수록 많이 갖고 있는 '활력vis viva'이라는 개념을 제시했다. 이후 영국의 토머스 영Thomas Young(1773~1829)과 아인슈타인 등의 연구를 통해 운동에너지와 위치에너지의 개념, 에너지 보존의 법칙, 질량-에너지 등가의 법칙이 확립되었다. 에너지 개념이 인류 문명에 끼친 영향을 생각해 보면, 아리스토텔레스의 주관적이고 감성적인 사색에서 시작된 탐구의 덕을 우리가 오늘날 얼마나 톡톡히 보고 있는지 알 수 있다.

창의성에 대해서도 그 정도의 과학적 이해를 할 수 있다면 얼마나 더 아름답고 즐거운 세상이 펼쳐질지 상상해 보는 것도 재미있는 일일 것 같다. 모든 사람에게 창의성 입자를 주입하여 베토벤의 음악처럼 아름답고 감동적인 작품이 넘쳐나게 할 수 있지 않을까? 그와 같은 재미있는 상상은 독자에게 맡기고, 창의성을 과학적으로 이해하기 위한 최신 이론을 한번 소개해 보고자 한다. 기초적인 아이디어는 다음과 같다. 라이프니츠가 물체의 특성을 기반으로 에너지의 크기를 비교할 수 있는 방법(무겁거나 빠를수록 크다)을 만들었듯이, 창작물의 특성을 기반으로 창의성의 크기를 비교할 수 있지 않을까?

창의성의 첫 번째 척도는 물론 '새로움'이다. 과거에 남이 만든 것을 그대로 복제한 작품은 아무도 창의적이라고 말하지 않을 것이다. 그러므로 어떤 작품이 얼마나 새로운지는 과거에 만들어진 작품들을 데이터로 모아 비교하는 방법으로 측정할 수 있다. 그런데 단순히 새롭기만 하다고 창의적이라고 말할 수 있을까? 키보드를 두드리는 원숭이가 있다고 한번 상상해 보자. 이 원숭이는 기분 내키는 대로 아무 자판이나 두드리는데, 100번 정도 두드리게 하면 화면에 다음과 같은 '글'이 표시되어 있을 것이다.

ㅔ ㄴㅉㅇ펴ㅚㅢㅛㅢㅝ켒추ㅜㅟㄴㄹㄱㄹㅃㅎ콬ㄹㅁ제ㅜ랴ㅛㅂ시ㅂ
ㅅㅁㅞㅗㅙㄹ줩세ㅂㄲㅎㄹ흐ㅉㅂ색ㅞㅢㅞㅇㄸㅂㅅ븍ㅞㅝ자ㅛㅒㅛ
ㅜ느ㅝ ㅗㄷㄹㅎㄱ췌.ㅏㄴ뼉ㅒㅎ훠빠 ㅛㅕㅅ

한글이 창제된 이래로 이와 같은 글은 단언컨대 없었을 것이므로 이것은 과거의 어떤 글과도 비슷하지 않은, 완전하게 '새로운' 글이다. 하지만 원숭이의 이 글에 대해 창의성이 있다거나 가치 있다고 말할 수는 없으리라. 우리가 알아들을 수 있는 문법 등의 규칙을 전혀 지키지 않은 탓에 우리에게 좋은 감정을 불러일으키지도, 우리의 삶에 의미 있는 변화를 일으키지도 않기 때문이다. 즉, 이 글은 우리에게 아무런 영향도 주지 못한다.

그러므로 창의력의 두 번째 척도는 '영향력'이다. 그런데 문법에 맞는 글이나 일정한 규칙을 따르는 음악도 그것들이 만들어지는 순간에 바로 얼마나 영향력이 있는지 판단하기는 어렵다. 가치를 판단하려면 시간을 두고서 그것들이 미래의 창작물에 얼마나 영감을 주는지 살펴보아야 하기 때문이다. 정리하자면, 창의성이 있다고 말하려면 다음의 두 조건을 만족해야 한다.

①새로움: 이전의 창작물에서 보지 못한 특징을 갖고 있어야 한다.
②영향력: 이후의 창작물에서도 유사한 특징이 발견되어야 한다.

자, 그렇다면 어떤 작품이 이전의 작품들과 얼마나 다른지, 또 이후의 작품들과 얼마나 비슷한지 비교하는 방법으로 창의성의 크기를 수치화할 수 있다. 그런데 두 조건은 하나를 만족하면 다른 하나는 만족하기 어려운 일종의 경쟁 관계에 가깝다. 과거의 작품들과 다르다는 것은 그만큼 익숙하지 않다는 뜻이고, 그렇다면 많은 사람에게 받아들여지기 어렵다는 이야기가 되기 때문이다. 그러므로 두 가지 조건을 모두 만족시키는 경우는 드물 수밖에 없다. 진경산수화를 창시해(①) 한국화에 큰 영향을 끼친(②) 겸재 정선 같은 인물을 우리가 높이 평가하는 이유일 것이다.

하지만 창의성을 발휘하고 인정받는 것이 얼마나 어려운 일인지만 강조하는 것은 부적절하다는 생각이 든다. 우리가 베토벤, 미켈란젤로 같은 창의적인 인물들에게서 배워야 할 것은 그들의 뛰어난 창의성 자체가 아니라, 과거보다 나은 미래를 만들려는 삶의 자세다. 창의성은 아직 에너지만큼 과학적으로 충분히 이해되지 못했기 때문에 발전소에서 전기를 발생시키듯이 창의적인 작품을 마음대로 만들어 낼 방법은 없지만, 베토벤과 미켈란셀로가 남긴 말들을 되새기면 우리도 조금은 더 창의적인 삶을 살 수 있지 않을까 싶다.


"음악은 영적인 삶과 감각적인 삶을 연결해 주는 매개체다."
_루트비히 판 베토벤


"화가는 손이 아니라 머리로 그림을 그린다."
_미켈란젤로 부오나로티

# 내가 구름의 이름을
# 불러주었을 때
## 과학용어와 일상어

무언가에 이름을 지어준다는 것, 누군가의 이름을 불러준다는 것은 어떤 의미가 있을까? 한국 사람이 제일 좋아하는 시 가운데 하나로 꼽히는 김춘수(1922~2004)의 〈꽃〉이 떠오르는 질문이다. 그 질문의 의미를 새삼스럽게 고민한 것은 고온다습한 날씨와 싸우던 한반도의 8월이 지나가고 어느새 찾아온 선선한 9월의 하늘을 올려다본 어느 날이었다. 청명한 가을 하늘에서 때로는 손에 잡힐 듯 낮게, 때로는 저곳이 우주의 관문이 아닐까 싶을 만큼 아득히 높게 떠서 흘러가는 구름들이 눈에 들어왔다.

### 구름에 이름 붙이기

기상학 분야 가운데 하나인 구름학nephology에서는 구름을 공중에 떠 있는 미세한 액체 방울이나 고체 결정 등으로 이루어진 '연무질aerosol'로 정의한다. 연기나 안개와 같은 성질을 뜻하는 연무질의 일종이라는 데서 짐작할 수 있듯이, 구름은 물분자로 되어 있긴 하나 얼음 조각 또는 병 안에 든 생수와 달리 경계선(또는 경계면)이 명확하지 않고, 생성 고도에 따라 달라지는 온도와 기압 등 물리적 환경의 영향을 받아 다양한 비정형의 모습을 띤다. 구름을 부르는 이름이 다양한 것은 그 때문이다. 대표적인 예로 고도 5000~1만 2000미터 사이에서 생성되는 양털 모양의 구름은 권적운, 500~1만 6000미터 사이에서 생성되는 탑 모양의 구름은 적란운, 2000~7000미터 사이에서 생성되는 양떼 모양의 구름은 고적운이라고 부른다.

권적운, 적란운, 고적운… 입에 넣으면 녹는 달콤한 솜사탕이나 귀여운 양떼 같은 폭신하고 푸근한 구름들의 이름 치고는 혀가 입술과 부딪쳐 꼬일 것처럼 발음하기 쉽지 않다. 또한 전문성이 잔뜩 서려 있는 딱딱한 느낌이라 암기시키기 좋아하는 한국의 교육과정에서 시험 문제로 내기에 적격 같다. 한 가지 흥미로운 사실은 이 이름들이 (라틴어 어원의) 영어 이름을 한자어로 옮긴 것이라는 점이다. 권적운卷積雲은 곱슬곱슬하게cirro 쌓여 있는cumulus 구름이라는 뜻의 'cirrocumulus', 적란운積亂雲은 쌓여 있고 비바람 치는nimbus 구름이라는 뜻의 'cumulonimbus', 고적운高積雲은 높은 곳altus에 쌓여 있는 구름이라는 뜻의 'altocumulus'에서 왔는데, 이 이름들을 외우거나 발음하기 힘든 건 영어가 모국어인 사람도 마찬가지일 듯하다.

이렇게 생각이 흘러가는 순간 '진짜 그럴까?' 하고 자문해 본다. 딱딱하고 어려운 이름들이라는 선입견과 달리 구름학자들은 이 이름들을 소리 내어 읽을 때마다 오히려 굳었던 혀가 풀리는 상쾌한 기분과 함께 구름들의 자태가 눈앞에 펼쳐지며 자신의 직업에 낭만적인 자부심을 느끼는 사람들은 아닐까? 외골수 전문가들 중에는 그런 경우가 있으니 말이다. 보통 사람들은 생각만 해도 머리 아픈 것들을 재미있어하고 더 나아가 아름다움을 느낀다고 말하는 괴짜들. 물리학을 전공한 관계로 나 역시 괴짜라는 소리를 수십 년째 듣고 있어서 그들이 어떤 기분일지 잘 알고 있다. 교실 한쪽 벽에 구름의 모양과 이름이 표시된 큰 포스터를 붙여놓고 각 모양을 춤으로 표현하고, 그 이름들을 외워보라고 시키며 즐거워하던 나의 중학교 시절 선생님도 같은 부류였을 것이다.

앞에서 나열한 구름들의 이름을 지어낸 사람은 루크 하워드Luke Howard(1772~1864)라는 영국의 아마추어 기상학자였다. 하워드가 아마추어로서 구름의 명명법 체계를 완성할 수 있었던 것은 그가 말 그대로 어떤 일을 '사랑해서 하는 사람amateur'이었기 때문이다. 김춘수에게 이름 없는 몸짓이 있었듯 하워드에겐 비정형의 연무질이 있었고, 그가 이름을 지어주자 구름은 당당하게 과학의 대상이 되었다.

## 이름은 이름일 뿐인가?

이름은 불명확한 개념을 뚜렷하게 만들어 주기도 하지만 과학적인 이름 짓기 과정에서 종종 관찰되는 역설적인 현상이 있다. 과학을 배우는 입장에서는 사물과 이름 사이의 약간의 거리감이 오히려 더 편할 때가 있다는 것이다.

대학원생 시절, 고전역학 강의 시간에 있었던 일이다. 우리말로는 '가상의 일'이라고 번역될 수 있는 'virtual work'라는 개념을 유독 이해하기 어려웠다. 교수님도 눈치 챘는지 강의를 멈추고 이렇게 말씀하셨다. "우리가 일상에서 사용하는 언어(영어)로 이루어진 학술용어가 오히려 더 어려운 것 같다. 그 말에 대해 우리가 알고 있는 다양한 뉘앙스가 머릿속에 들어와 정확한 이해를 방해하기 때문이다. 지금 이야기하는 'virtual work'에서 'virtual'에 대해 여러분만의 해석이 개입되는 것처럼 말이다. 그런데 외국어로 된 단어들은 그런 걱정이 없다. 예를 들어, 독일어에서 나온 'eigenvalue'(정사각형 행렬에서 만들어지는 특유의 값인데, 한국에서도 '고윳값'보다 '아이겐밸류'라고 부르는 게 더 일반적이다)를 생각해 볼까? 독일어가 모국어가 아닌 여러분은 'eigen'이라는 말에 대한 선입견이 없으니까 어렵지 않게 교과서에 나온 수학적 정의대로 이해할 수 있는 것이다." 이 말을 듣고 학술용어가 한자어(동양) 또는 라틴어(서양)를 기반으로 조금은 거리감을 갖고 있는 현상을 이해하게 되었고, 교수님의 조언을 따라 교과서에 나오는 개념을 구태여 그 책에서 말하는 바 이상의 의미로 생각하지 않는 것이 학자에게는 실용적인 자세일 수도 있다는 것을 깨달았다.

다만 하워드의 예에서 알 수 있듯 과학적 개념에 이름을 붙이는 행위는 어떤 대상에 사랑을 느끼고 그 과정에서 즐거움을 찾는 인간적인 욕망에서 시작되기도 한다. 그렇다면 과연 교과서적 정의에서 벗어나지 않고, 언어의 뉘앙스와 거리를 두는 태도가 정말 올바른지 묻지 않을 수 없다. 이에 대한 답을 찾아보기 위해 교과서의 정의만 따르면 헷갈릴 일이 없는 대표적인 예라고 할 수 있는 eigenvalue를 한번 자세히 들여다보자. 그 교과서적 정의는 다음과 같다.

행과 열의 개수가 같은(꼭 2개일 필요는 없다)

정방행렬 $M = \begin{bmatrix} m_{11} & m_{12} \\ m_{21} & m_{22} \end{bmatrix}$ 에 대해

어떤 값 $\mu$('뮤')와 벡터 $\vec{v} = \begin{bmatrix} v_1 \\ v_2 \end{bmatrix}$ 가 다음의 조건을 만족할 때

$\mu$를 행렬 M의 eigenvalue라고 한다.

그리고 벡터 $\vec{v}$를 eigenvector라고 한다.

$$M \cdot \vec{v} = \begin{bmatrix} m_{11} & m_{12} \\ m_{21} & m_{22} \end{bmatrix} \cdot \begin{bmatrix} v_1 \\ v_2 \end{bmatrix} = \begin{bmatrix} m_{11}v_1 & m_{12}v_2 \\ m_{21}v_1 & m_{22}v_2 \end{bmatrix} = \begin{bmatrix} \mu v_1 \\ \mu v_2 \end{bmatrix} = \mu \begin{bmatrix} v_1 \\ v_2 \end{bmatrix} = \mu\vec{v}$$

명확한 수학적 정의만으로 충분하다면 $\mu$를 '아이겐밸류'라고 부르든 '굴라시'라고 부르든 상관없을 것이다. 하지만 그와 같은 극단적인 편의주의는 레온하르트 오일러Leonhard Euler(1707~1783), 조제프루이 라그랑주Joseph-Louis Lagrange(1736~1813), 오귀스탱부이 코시Augustin-Louis Cauchy(1789~1857) 같은 수학자들의 노력을 통해 $\mu$가 '각 행렬의 특징을 보여주는 고유한 값'이라는 사실을 알게 된 인류 지성사의 한 조각을 무시해 버리는 꼴이라는 생각에 못내 마음이 불편해진다. 정확한 계산을 할 수 있는지 여부가 가치 판단의 기준이 되어버린 듯한 현대과학에서도 이름이란 단지 어떤 사물을 다른 것들과 구별하기 위한 소리나 글자의 조합이 아니다. 이름은 그 사물의 본질을 이해하기 위한 인류의 사색·탐구·역사를 담고 있기 때문이다.

## 영향력의 과학적 정의

어떤 말에 대한 일상적인 이해가 때로는 과학적 진보에 중요한 영감을 주기도 한다. 이와 관련해 내가 직접 경험한 일이 있다. 지금은 성공적으로 박사가 되어 활약하고 있는 한 제자와 예술작품을 창작하는 과정에서 창작자들 사이에 주고받는 '영향력'을 어떻게 과학적으로 정의할 수 있는지 연구한 적이 있다. 일반적으로 먼저 나온 작품 A가 나중에 나온 작품 B에 끼친 영향력은 두 작품의 유사성으로 측정한다. 두 작품이 비슷하다는 것은 나중에 나온 B가 먼저 나온 A에 영향받았다는 증거로 볼 수 있기 때문이다. 하지만 만약 A가 그보다도 먼저 나온 $\alpha$(알파)에 엄청난 영향을 받은 작품이었다면? 이 경우 사실은 $\alpha$가 B에 끼친 영향력까지 모두 A의 것처럼 왜곡될 수 있다는 것이 우리의 고민이었다.

우리는 영향력이라는 개념을 사람들이 일상적으로 어떻게 생각하는지 살펴보기로 했다. 그때 우리가 주목한 것은 사람들이 자신에게 영향을 준 사람을 이야기할 때 곧장 사용하는 "오늘의 나는 과거의 누구누구가 있었기에 가능했다"라는 표현이었다. 뉴턴이 갈릴레이를 가리켜 "난 거인의 어깨에 서 있기에 더 멀리 볼 수 있었다"라고 말한 것과 같은 맥락인데, 이를 바꿔 말하면 B가 A에 영향을 받았다는 것은 'A가 존재하지 않았다면 B도 세상에 나오기 힘들었다'는 뜻이 된다.

영향력에 대한 일상적 이해를 바탕으로 우리는 A가 있는 경우와 없는 경우(창작 빅데이터에서 A를 제거)의 B가 생겨날 확률을 계산해 그 차이를 A가 B에 준 영향력으로 정의할 수 있었다. 일상에서 사용하는 의미로부터 영향력의 새로운 과학적 정의를 만들었다는 사실에서 과학을 하는 한 사람으로서 큰 만족감을 느꼈다. 이 방법을 이용해 음악가들이 주고받은 영향력을 분석한 '서양 고전음악의 네트워크 연구'를 진행하기도 했다. 우리가 제시한 영향력의 과학적 정의가 교과서에 실리는 날이 올지는 모르겠지만, 언어에 대한 사색과 과학적 정의 사이의 관련성을 보여주는 예로 독자분들에게 기억된다면 충분히 기쁠 것 같다.

과학자는 일반인과 다른 말을 쓴다는 선입견이 있다. 하지만 과학의 역사에는 아직 우리가 모르는 불확실한 개념들에 이름을 지어주면서 인류 지식의 지평선을 넓힌 창의적인 과학자들의 이야기가 가득하고, 개중에는 시인에 비견될 만큼 비상한 언어적 감수성을 발휘한 이들도 있다. 푸른 하늘을 수놓은 구름을 올려다보면서 그 너머에 있는 우주의 비밀이 눈에 맺혀 있는 과학자들의 시심詩心을 한번 상상해 보면 어떨까?

# 내 마음에 비친
# 내 모습

## 거울과 공감

로마 시인 오비디우스(기원전 43~기원후 17)의 《변신 이야기》 제3부에 나오는 나르키소스와 에코의 이야기다. 나르키소스가 숲속을 걷고 있는데 사랑에 빠진 산의 요정 에코가 따라오기 시작했다. 기척을 느낀 나르키소스가 "누구인가?"라고 묻자, 에코는 "누구인가?"라고 말을 따라 하다가, 곧 정체를 드러내고 나르키소스를 껴안으려 했다. 그러나 나르키소스는 뒷걸음치며 에코를 거절했고, 상심한 에코는 평생 혼자 산속에서 살며 들려오는 소리를 따라서 냈다고 한다(영어에서 에코echo가 메아리를 뜻하는 이유). 나르키소스를 괘씸하게 여긴 복수의 여신 네메시스는 그에게 벌을 내리기 위해 한여름의 어느 날 사냥을 하다가 갈증을 느낀 나르키소스를 연못으로 인도해 연못에 비친 자신의 얼굴과 사랑에

미켈란젤로 메리시 다 카라바조, 〈나르키소스〉. 로마 시인 오비디우스의 《변신 이야기》 제 3부에 나오는 나르키소스는 연못에 비친 자신의 얼굴과 사랑에 빠진다.

빠지게 한다. 젊음이 가득한 아름다운 얼굴이 자기 자신의 것인 줄도 모르고 이루어질 수 없는 사랑에 빠진 나르키소스는 마음속의 열병으로 인해 황금색과 흰색이 뒤섞인 꽃이 되었다(수선화속의 학명이 나르키소스Narcissus인 이유).

## 현대판 나르키소스의 고통

얼굴은 다른 사람들이 나를 알아보게 하는 정체성 그 자체라고 할 수 있다. 여러 해 전 페이스북이 큰 인기를 끌며 사용자 수가 빠르게 늘고 있을 때, 내가 속한 동호회에서 각자의 프로필 사진을 자기가 좋아하는 만화 캐릭터로 바꾸는 놀이를 한 적이 있다. 50명이 넘는 회원들이 참여했는데, 조건은 단순히 '좋아하는' 캐릭터로 하자는 것이었음에도 불구하고 대부분의 경우 그 캐릭터들과 회원들의 실제 얼굴이 매우 닮은 것을 보고 놀라워했던 기억이 난다. 자기 자신에 대한 지극한 사랑의 열병으로 몸이 녹아내릴 정도는 아니더라도 사람이라면 누구나 자신의 얼굴을 조금씩은 좋아한다는 것을 알려준 경험이었다.

얼굴은 이처럼 정체성의 상징이기도 하고 약간의 만족감을 주는 친밀한 존재인 동시에, 거울과 같은 제3의 물체를 사용해 빛을 꺾어버려야만 비로소 직접 볼 수 있는 역설적인 존재이기도 하다. 얼굴의 그러한 역설적인 면모(얼굴의 얼굴!)에 대해 다시 생각하게 된 것은 코로나19로 거의 모든 회의와 수업이 비대면으로 진행되었던 때였다. 같은 건물에서 일하는 학생, 동료 들과도 회의나 수업을 비대면으로 하라는 지침이 내려왔을 때도 나는 신문에서 읽은 〈스타일 전문가들이 추천하는 화면에 얼굴이 잘 나오는 법〉이라는 기사 내용을 따라 하는 정도로만 반응하며 크게 마음에 두시 않았다.

그런데 2020년 2월경부터 시작된 '화상회의'가 반년 넘게 지속되었고 회의 내내 내가 나의 얼굴에서 눈을 떼지 못한 채 몇 시간씩 바라보고 있으면, 왜 그런지 설명할 수는 없었지만, 다른 사람의 얼굴을 오래 쳐다보고 있을 때보다 더 깊은 피로감을 느낀다는 사실을 깨달았다. 내 얼굴에 특별한 문제가 있는 것은 아닐 텐데 왜 그런지 고민하던 중에 전 세계의 많은 사람이 나처럼 자기 얼굴을 바라보면서 피로감을 느낀다는 사실을 알게 되었다. 이 현대판 나르키소스들의 고통은 어디에서 오는 것일까?

현대의 심리학과 생리학 연구에 따르면, 거울에 비치는 자신의 모습을 어색하게 느끼는 까닭은 우리의 몸과 완벽히 동일하게 움직이는(완벽하게 평평한 거울이나 모니터 화면 같은 인공적인 물체가 없다면 좀처럼 볼 수 없는) 개체의 이미지가 인류의 긴 역사에서 아직 자연스러운 것으로 자리 잡지 못했기 때문이라고 한다. 물론 수많은 반사면이 산재한 현대사회에 익숙해진 우리는 거울을 보며 자동차를 후진시키고 면도를 하는 등 꽤나 편하게 살고 있지만 그것들을 끊김 없이 긴 시간 동안 바라보는 것은 여전히 견디기 어려운 이질감을 일으킨다. 이러한 사실을 잘 아는 외국의 한 레스토랑은 실내를 온갖 거울로 장식하면서도 손님이 자신의 몸을 직접 바라볼 수는 없도록 각도를 정교하게 조절한다고 한다.

## 존재와 공감의 거울

거울에 비친 모습은 단순히 실용적인 용도를 넘어, 자의식의 생성과 아주 중요하고 밀접한 관계가 있다. 잉글랜드 태생으로 독일에서 활동한 생리학자 윌리엄 티에리 프레이어William Thierry Preyer(1841~1897)는 아이들의 심리 발달을 연구하기 위해 아들의 행동을 매일 관찰했다. 그의 기록에 따르면 아들은 생후 14개월에는 거울에 비친 자신의 모습을 다른 사람이라고 생각하는 듯 손을 흔들며 인사했고, 17개월에는 다양한 표정을 지어가면서 거울 속 사람의 반응을 살펴보았다고 한다. 그리고 두 돌이 된 아들은 거울 속에서 이마에 색종이가 붙어 있는 모습을 보고서는 거울이 아니라 자신의 이마에서 색종이를 떼어내었다. 프레이어는 아이들이 '거울에 비친 모습'이라는 물리적 객체가 실은 자신임을 인식하는 순간이 바로 '나'라는 개념을 깨닫는 순간이며, 이렇게 '내가 존재한다'는 사실을 아는 것은 성장 과정 가운데 제일 중요한 변혁기라고 보았다.

이처럼 거울의 비친 모습을 보고 자신의 존재를 깨닫는 것은 서로 다른 두 가지 물체(몸과 거울에 비친 모습)의 움직임 사이에 물리적·논리적 연관성이 있다는 것을 인지하는 두뇌 기능과 깊은 관련이 있다. 상이한 물체의 연관성을 인지하는 것은 우리 두뇌의 아주 원초적인 기능으로서, 생후 4개월 된 아이도 영상과 소리의 싱크sync가 잘 맞는지 안 맞는지에 따라 다른 반응을 보인다는 연구 결과가 있을 정도다. 그런데 흥미롭게도 다른 사람과 사회적으로 교감할 때는 완벽한 싱크보다 약간의 시차가 존재하는 것을 더 자연스럽게 받아들인다고 한다. 즉, 우리가 앞에 서 있는 친구에게 어떤 몸짓을 보이거나 말을 걸었을 때 그 친구가 조금의 지체도 없이 곧바로 나의 행동을 따라 하거나 대답하는 것은 부자연스럽고 위협적으로 느끼고, 약간의 시간이 지난 후에 반응이 와야 마음이 안정되고 상대방을 더 신뢰하게 된다는 것이다.

현대과학은 여기에서 더 나아가 이렇게 다른 사람과 공감대를 형성할 때와 내가 나를 인식할 때 활성화되는 두뇌의 위치가 동일하다는 사실을 발견했다. 즉, 인간은 본성적으로 타인과 나를 반드시 동시에 생각한다는 것이다. 우리 두뇌의 '거울신경계mirror-neuron system'가 누군가가 나에게 손을 뻗어 올 때 그것을 흉내 내서 그 사람에게 손을 뻗고 싶게 한다. 거울신경계는 이탈리아의 신경과학자인 자코모 리촐라티Giacomo Rizzolatti(1937~)에 의해 원숭이의 두뇌에서 발견되었고, 곧이어 인간의 두뇌에서도 발견되었다.

영화 속에서 주인공이 끔찍한 냄새를 맡는 장면을 보면 우리도 모르는 새 코를 찡그리고, 옆 사람이 바늘에 찔려 아파하는 모습을 보면 우리도 그 통증을 느끼는 듯 움찔하게 만드는 거울신경계는 공감과 유대감의 근원이다. 걸음마조차 시작하지 않은 어린아이도 자신의 행동을 따라 하는 사람을 더 좋아한다는 것에서 거울신경계의 활성화가 본능적인 유대감을 일으킨다는 사실을 알 수 있다. 화상회의를 할 때, 나의 말에 동의한다는 뜻으로 '엄지척' 아이콘을 화면에 띄우는 동료보다 고개를 끄덕여 주는 동료가 훨씬 더 믿음직하게 느껴지는 것도 마찬가지다.

## 얼굴을 본다, 감정을 읽는다

'얼굴을 본다'는 것은 이처럼 단순히 외모를 보는 것을 넘어 우리 자신에 대해 많은 것을 알려주는 복잡한 행위다. 나는 국내의 여러 연구진과 함께 한국인의 얼굴 표정을 수집하는 국가 프로젝트에 참여한 경험을 통해 그 진가를 더욱 실감했다. 프로젝트의 목적은 한국인의 얼굴 표정에서 감정을 읽을 수 있는 AI를 개발함으로써, '감정 상태 맞춤 서비스'의 기술적 토대를 만드는 것이었다. 얼굴 학습에 사용되는 외국의 데이터에는 당연히 한국인(동양인)의 얼굴이 많이 부족한 상황이고, 감정 표현에 대한 문화적 차이가 반영되어 있지 않은 현실에서 한국인의 데이터베이스를 구축해야 한다는 필요성도 한몫했다.

한국인의 감정을 인식하는 AI를 개발하는 긴 여정에서 첫걸음에 지나지 않았겠지만, 그 프로젝트는 대중적으로 아주 큰 관심을 받았고, 우리 연구진이 미처 상상하지 못했던 다양한 아이디어로 이어졌다. 그 가운데 특히 인상적이었던 것은 소통에 어려움을 겪고 있는 노년층이나 장애인들을 위한 기술과 서비스 개발에 힘써달라고 요구하는 목소리가 많았다는 점이다. 코로나19 팬데믹으로 인해 타인에 대한 경계심이 어느 때보다 높아진 시기였음에도 그러한 호소의 목소리들은 다른 사람들과의 유대감을 우선시하는 우리의 본능이 아직 사라지지 않았음을 느끼게 해주었다.

공감과 유대감이 인간의 본능이라는 사실은 아주 오래전부터 알려져 있었다. 1776년 출간한 《국부론》으로 유명한 애덤 스미스(1723~1790)는 그보다 앞서 1759년에 펴낸 《도덕감정론The theory of moral sentiments》에서 "다른 사람이 눈물을 흘리면 우리도 눈물이 나오려고 한다. 다른 사람이 아픔에 얼굴을 찡그리면 우리도 얼굴이 일그러진다"라고 했으며, 《명상록》의 저자로 유명한 로마 황제 마르쿠스 아우렐리우스(기원후 121~180)는 "충만한 인생을 위한다면 다른 사람의 마음에 들어가고, 자신의 마음에 남들이 들어오게 하라"라고 했다. 그런데 우리를 떨어뜨려 놓았던 팬데믹이 끝나버린 지금도 어떤 이들은 여전히 우리를 비대면의 세계에 머물게 하려고 한다. 불행한 21세기 나르키소스만 수없이 만들어 낼지도 모를 '메타버스' 대신 우리에게 필요한 것은 사람과 직접 교감하며, 공감과 유대감을 느낄 수 있도록 해주는 과학이다.

# 우리는
# 별을 바라본다
## 에필로그

이제 작은 원자들의 세계와 거대한 우주, 과거와 미래 사이를 쉼 없이 달려온 '과학과 문화의 연결고리 찾기' 여정을 잠시 멈출 때가 왔다. 이것을 '현실로 돌아왔다'고 표현해야 할까? 현실 속의 우리는 어떠한 모습을 하고 있을까?

소설 《도리언 그레이의 초상The Picture of Dorian Gray》으로 유명한 오스카 와일드 Oscar Wilde (1854~1900)는 아일랜드 더블린에서 태어났다. 그의 일생은 빅토리아 시대의 엄격한 도덕률에 대한 끊임없는 도전의 기록처럼 읽히기도 한다. 더블린의 트리니티 칼리지와 영국 옥스퍼드 대학교의 머들린 칼리지에서 고전학Greats에 두각을 나타냈지만, 졸업 후 작가가 되어 문학사에 이름을 남긴 그는 재기 넘치는 경구epigram들로 유명하다. 나는 그 가운데에서도 희극

〈윈더미어 부인의 부채Lady Windermere's Fan〉에 나온 다음의 경구를 처음 읽었을 때 느낀 경외감을 한순간도 잊은 적이 없다.

> "우리는 모두 도랑에 빠져 있지만, 몇몇은 별을 바라보고 있다(We are all in the gutter, but some of us are looking at the stars)."

이 문장을 보자마자 나의 마음속에는 어두운 숲속에서 발을 헛디뎌 굴러떨어진 흙탕에서 빠져나오려 끙끙거리면서도 희망을 잃지 않고 하늘을 올려다보는 사람들의 눈에 촘촘히 맺혀 있는 별들이 그려졌다. 그 순간부터 별은 나에게 영원한 희망을 의미하게 되었다. 어떠한 조건에서도. 그 경구를 읽었던 오래전 기억을 떠올리던 내 눈에 서재의 책장에 꽂혀 있는《Le Petit Prince》, 《Regulus》,《星の王子さま》라는 제목들이 들어왔다. 내가 어릴 때부터 간직해 온 그 책들은 지금도 많은 이에게 사랑받고 있는 프랑스 작가 앙투안 드 생텍쥐페리Antoine de Saint-Exupéry(1900~1944)의 《어린 왕자》의 프랑스어 원서와 라틴어·일본어 번역본들이다.

이 이야기에서 어린 왕자는 여러 별(행성)을 돌아다니면서 만난 기묘한 인물·동물·사물과 대화하며 행복, 외로움, 그리고 서로를 돌본다는 것의 의미를 깨닫는다. 결국 세상에서 제일 아름답고 슬픈 별인 지구를 아끼게 되는 한 소년의 환상적인 이야기가 담긴 이 책 서문에서 생텍스(생텍쥐페리의 애칭)는 응원해 주고 싶은 한 어른 친구를 위해 이 책을 썼다고 고백하면서, 모든 어른은 한때 어린아이였던 적이 있다는 말을 한다.《어린 왕자》의 번역본을 모으던 시절의 설렘이 떠올라 반가운 마음에 책장을 펼쳐 불완전한 언어 실력으로도 이해할 수 있는 문장들을 띄엄띄엄 읽어보았다. 그러자 우주와 별이 우리와 어떻게 이어져 있기에 우리는 밤하늘의 별을 보며 희망을 얻고, 별을 여행하는 어린 왕사가 된 상상을 하며 마음의 위안을 받는 것인지 생각해 보게 되었다.

우주에는 약 2조(100만의 100만의 2배) 개의 별(항성)이 자리 잡고 있고, 우리가 사는 지구의 맑은 밤하늘에서 맨눈으로 볼 수 있는 별은 약 8000개라고 한다. 그리고 그 수많은 별을 이루고 있는 물질은 137억 년 전 우주 탄생의 순간에 함께 생겨난 별가루다. 그런데 똑같은 별가루로 만들어져 있는 존재들이 우리 주변에도 있다. 바로 우리 자신이다. 이렇게 꽤나 낭만적인 이름의 별가루는 전자현미경으로 들여다보면 흔하디 흔한 원자 알갱이에 지나지 않지만, 엄청난 수의 별가루가 뭉쳐 밤하늘을 한 폭의 그림으로 만들어 주는 별들이 되기도 하고, 그 별들을 바라보며 꿈을 꾸는 우리가 되기도 한 것이다.

근대과학이 등장하기 이전 시대에 누군가 '하늘의 별과 인간은 똑같은 것으로 만들어졌다'는 이야기를 한다면, 확인할 수 없는 꿈같은 소리를 한다고 거짓말쟁이·허풍쟁이라는 놀림을 당했을 것이다. 세상 만물이 원자로 이루어져 있다는 생각을 처음으로

품었던 고대 그리스 철학자 데모크리토스(기원전 460년경~370년경)의 삶도 그렇지 않았을까 상상해 본다. 하지만 그가 가졌던 꿈은 결코 잊히지 않은 채 2000년이라는 시간을 살아남아 바다 건너 있는 브리타니아섬에서 원자의 존재가 확인되면서 자연의 본질에 대한 영원한 진리의 반열에 오르게 되었다.

프롤로그에서 단 한 사람의 꿈과 소망이 위대한 문명의 씨앗이 된다고 하지 않았던가? 그리고 그 씨앗은 데모크리토스의 원자론처럼 수천 년의 '시간'을 살아남아 아주 머나먼 '공간'에서 꽃을 피우기도 한다. 공간은 어떠한 물체가 크기를 갖고 존재할 수 있게 해주고, 시간은 그 물체가 변화하고 움직일 수 있게 해준다. 현대물리학에서는 시간과 공간이 서로 분리된 것이 아니라, 하나의 연속체를 이루고 있다고 이해한다. 즉, 우리 모두는 시공간 연속체라는 하나의 무대에서 살아가고 있다.

세상에 존재하는 모든 것은 똑같은 별가루로 이루어져 있고 시공간에서 끊임없이 움직이고 변화하며 한순간도 서로 영향을 주고받는 일을 멈추지 않는다. 지금 우리라는 존재를 이루고 있는 별가루들도 언젠가 시공간을 타고 어딘가로 날아가 다른 생명체로 태어나고, 더 먼 곳에서는 새로운 별이 되기도 할 것이다. 그러므로 우리는 모두 다시 만난다. 우리는 미래를 함께 만들어 가는 존재들이니까.